情報・符号理論の基礎 第2版

汐崎 陽 ——・著

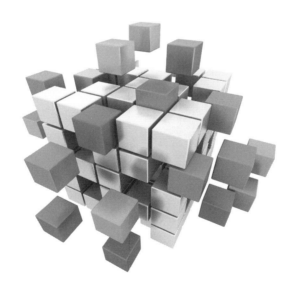

本書を発行するにあたって，内容に誤りのないようできる限りの注意を払いましたが，本書の内容を適用した結果生じたこと，また，適用できなかった結果について，著者，出版社とも一切の責任を負いませんのでご了承ください．

本書は，「著作権法」によって，著作権等の権利が保護されている著作物です．本書の複製権・翻訳権・上映権・譲渡権・公衆送信権（送信可能化権を含む）は著作権者が保有しています．本書の全部または一部につき，無断で転載，複写複製，電子的装置への入力等をされると，著作権等の権利侵害となる場合があります．また，代行業者等の第三者によるスキャンやデジタル化は，たとえ個人や家庭内での利用であっても著作権法上認められておりませんので，ご注意ください．

本書の無断複写は，著作権法上の制限事項を除き，禁じられています．本書の複写複製を希望される場合は，そのつど事前に下記へ連絡して許諾を得てください．

出版者著作権管理機構
（電話 03-5244-5088，FAX 03-5244-5089，e-mail : info@jcopy.or.jp）

JCOPY ＜出版者著作権管理機構 委託出版物＞

まえがき

　現在は情報化社会と言われるほど，我々の日常生活の隅々まで情報が氾濫している．この情報化社会を支えている柱の1つが電気通信技術である．電気通信の目的は情報を効率良くかつ正確に伝送することであり，それを支える重要な技術の1つが符号化技術である．符号化技術は，シャノン（C. E. Shannon）が1948年に発表した「通信の数学的理論（A mathematical theory of communication）」に始まる情報理論の具体的な成果の1つである．シャノンは上記論文の中で通信の本質を数学理論として体系化し，通報に含まれる情報の定量化および雑音のある伝送路を通して伝送できる情報の定量化を行い，効率良くかつ正確に伝送しうる情報の量に関して理論的な限界を示した．

　本書は，このシャノンの理論を紹介すると共に，その具体的な成果でもある符号の基礎理論について述べたものである．1章は序説で，情報伝送のモデルおよび通信系における符号化の目的と問題点について述べている．2章では，情報を定量化した情報量を定義し，その性質について述べると共に，情報源の統計的表現について述べる．3章では，情報源符号化法と情報源符号化の理論的限界について述べ，4章では，通信路符号化の理論的限界について述べる．5章では，通信路符号化の具体化としての誤り訂正符号の基礎理論について述べる．最後に6章では，連続的情報の伝送と連続的通信路について述べる．数学的厳密さにとらわれず，なるべく直観的に理解できるように心掛けたつもりである．

　情報理論は今日なお発展しつつある理論であり，今後ますますその応用が期待されている．本書がその入門書として役立てば幸いである．

　最後に，本書を出版するに当たりお世話になった（株）国民科学社の山本　仁氏に深く感謝する．

　　　1991年2月

　　　　　　　　　　　　　　　　　　　　　　　　　　　　著　　　者

※　本書の初版は，1991年に国民科学社から発行され，平成23年にオーム社から再刊されている．

改訂にあたって

ディジタル通信技術の発展に果たした情報理論の役割は大きい．本書は，その情報理論を平易に解説したものであるが，本書を執筆してから年数が経ち，その間のディジタル技術の発展には目覚ましいものがある．インターネット・スマートフォンに代表される情報通信技術の発展と応用は，私たちの生活様式を大きく変えつつある．その背景には，通信路符号化の具体化としての，誤り訂正符号の実用への技術進歩がある．

実用には程遠いと思われていた理論が技術の進歩とともに実用化される事例は数多い．リード・ソロモン符号やビタビ復号法はその一例である．執筆当時，専門的に過ぎると考えて割愛したリード・ソロモン符号は，CD・DVD などのディジタル機器や QR コード，ディジタル放送，ディジタル通信で幅広く実用され，今や基礎的な技術となっている．また，たたみ込み符号とビタビ復号法もリード・ソロモン符号と組み合わされ，連接符号としてディジタル放送に実用されている．

そこで今回の改訂にあたって，リード・ソロモン符号とパンクチャドたたみ込み符号，さらに連接符号を新たに加え，5 章の誤り訂正符号の内容を充実させた．誤り訂正符号の構成法と復号法について理解を深めるために，例題としてできるだけ具体例を示した．

5 章以外の内容は，基礎的な概念や理論であり，年数を経ても色褪せることはない．しかし，誤り訂正符号の理論は通信路符号化の具体的な実現法に関するものであり，"符号理論" として独立した理論体系を形成し，現在も活発な研究が続けられている．誤り訂正符号については，本書に記した符号以外に多くの符号が考案されている．これらの符号が実用・応用され，情報通信技術の更なる発展に寄与することが期待される．符号理論に興味のある読者はぜひ専門書を参照していただきたい．

2019 年 4 月

汐崎　陽

目　　次

1章　序　　説　　1

1·1　情報理論の発展 …………………………………………………… 1
1·2　通信系のモデル …………………………………………………… 2
1·3　符号化の目的 ……………………………………………………… 3
1·4　情報源符号化の問題点 …………………………………………… 4
1·5　通信路符号化の問題点 …………………………………………… 5

2章　情報源と情報量　　7

2·1　情報の定量化 ……………………………………………………… 7
2·2　エントロピー ……………………………………………………… 9
　2·2·1　平均情報量 ………………………………………………… 9
　2·2·2　結合エントロピー ………………………………………… 11
　2·2·3　条件付きエントロピー …………………………………… 13
　2·2·4　相互情報量 ………………………………………………… 16
2·3　情報源の統計的表現 ……………………………………………… 19
2·4　独立生起情報源とエントロピー ………………………………… 19
　2·4·1　独立生起情報源 …………………………………………… 19
　2·4·2　情報源が発生する記号系列とエントロピー …………… 20
2·5　マルコフ情報源とエントロピー ………………………………… 22
　2·5·1　m 重マルコフ情報源 …………………………………… 22
　2·5·2　状態遷移図 ………………………………………………… 23
　2·5·3　定常確率 …………………………………………………… 24
　2·5·4　マルコフ情報源のエントロピー ………………………… 25
演習問題 ………………………………………………………………… 27

3 章　情報源符号化　29

3・1　符号の条件 ……………………………………………………………… 29

　3・1・1　一意復号可能性と瞬時復号可能性 ……………………………… 29

　3・1・2　符 号 の 木 ………………………………………………………… 31

　3・1・3　クラフトの不等式 ………………………………………………… 32

3・2　平均符号長 ……………………………………………………………… 34

3・3　情報源符号化定理 ……………………………………………………… 35

3・4　誤りのない通信路の通信路容量 ……………………………………… 40

3・5　ハフマンの最短符号化 ………………………………………………… 44

演 習 問 題 …………………………………………………………………… 50

4 章　通信路符号化　51

4・1　離散的通信路のモデル ………………………………………………… 51

　4・1・1　通信路行列による通信路の表現 ………………………………… 51

　4・1・2　記憶のない離散的通信路の例 …………………………………… 52

　4・1・3　誤り源による 2 元通信路の表現 ………………………………… 53

4・2　伝送情報量 ……………………………………………………………… 54

4・3　通信路容量 ……………………………………………………………… 56

4・4　加法的 2 元通信路の通信路容量 ……………………………………… 59

4・5　通信路符号化定理 ……………………………………………………… 61

4・6　復 号 法 ………………………………………………………………… 63

演 習 問 題 …………………………………………………………………… 66

5章　誤り訂正符号　67

5·1　誤り検出・訂正の基礎概念 …………………………………… 67

5·2　2元線形符号 …………………………………………………… 71

　5·2·1　単一パリティ検査符号 ……………………………………… 71

　5·2·2　ハミング符号 ……………………………………………… 72

　5·2·3　一般の線形符号 …………………………………………… 74

　5·2·4　符号語数の限界式 ………………………………………… 77

5·3　巡 回 符 号 ……………………………………………………… 79

　5·3·1　巡回符号の定義 …………………………………………… 79

　5·3·2　巡回符号の生成多項式 …………………………………… 80

　5·3·3　巡回符号の構成法 ………………………………………… 82

　5·3·4　巡回符号のシンドローム ………………………………… 84

　5·3·5　多項式の割り算回路 ……………………………………… 85

5·4　BCH 符号 ……………………………………………………… 88

　5·4·1　ガ ロ ア 体 ………………………………………………… 89

　5·4·2　拡　大　体 ………………………………………………… 90

　5·4·3　BCH 符号の構造 ………………………………………… 91

5·5　リード・ソロモン符号 ………………………………………… 95

5·6　ユークリッド復号法 …………………………………………… 98

5·7　たたみ込み符号 ………………………………………………… 103

　5·7·1　たたみ込み符号 …………………………………………… 103

　5·7·2　パンクチャドたたみ込み符号 …………………………… 104

　5·7·3　ビタビ復号法 ……………………………………………… 105

5·8　連 接 符 号 ……………………………………………………… 109

演 習 問 題 …………………………………………………………… 110

viii 目　次

6 章　連続的通信系　113

6·1　標本化定理 ……………………………………………………………… 113

6·2　連続的情報源とエントロピー ………………………………………… 116

　6·2·1　連続信号のエントロピー ………………………………………… 116

　6·2·2　平均電力が制限された信号の最大エントロピー …………………… 119

6·3　連続的通信路 …………………………………………………………… 121

　6·3·1　連続的通信路のモデル …………………………………………… 121

　6·3·2　通信路容量 ………………………………………………………… 121

演 習 問 題 …………………………………………………………………… 124

付 録　代数学の基礎 …………………………………………………… 127

演習問題解答 ……………………………………………………………… 133

参 考 文 献 ………………………………………………………………… 147

索　　　引 ………………………………………………………………… 149

1　序　　　説

1・1　情報理論の発展

　近年，情報化社会といわれるほど情報が注目されているのは，電子計算機の発達により情報の処理技術が進歩したことにもよるが，それとならんで情報の伝送技術の目ざましい発達によるところが大である．情報化社会は情報の処理技術と情報の伝送技術の有機的結合の上に成り立っている．情報の伝送技術の発達はディジタル通信技術の進歩に負うところが大きく，なかでも符号化技術の進歩が果たした役割は大きい．通信技術の発展の歴史は雑音あるいは信号の歪（ひずみ）との戦いの歴史であり，通信品質の改善に多大の努力が払われてきた．通信において，われわれが伝えたいのは何らかの情報であり，信号波形そのものではない．このような観点に立って符号化という考え方が生まれ，ディジタル伝送技術が発達してきた．

　通信を"情報の伝達"と位置付け，情報を数学的対象ととらえ，通信系を数学的にモデル化し，通信の本質を見事に数学理論として体系化したのがシャノン（C. E. Shannon）である．シャノンは，彼の論文「通信の数学的理論（A mathematical theory of communication），1948 年」の中で，確率論を用いて通報に含まれる情報の定量化および雑音のある伝送路を通して伝送できる情報の定量化を行い，効率よく，かつ正確に伝送しうる情報の量に関して理論的な限界を示した．シャノンが情報理論を構築しえた成功の鍵は，通報のもっている意味内容を無視し，通報の確率統計的性質に注目することにより，情報を定量化したことにある．これは，われわれが日常行っている通信を考えた場合，あまりに現実とかけ離れた単純化であるかもしれないが，通信の本質はこれにより十分表現できるのである．実際，通信系においては，通報の意味内容にまで立ち入る必要はなく，通報を正しく伝送できればそれで通信の目的を達

したことになるからである．シャノンの理論によれば，どのような通信路にも単位時間当たりに伝送できる情報の量にはその通信路固有の上限があり，単位時間当たりその上限ぎりぎりまでの情報量を伝送し，なおかつ誤りなく情報を伝送できるような符号化法が存在するという．このシャノンの情報理論の成果はディジタル通信の研究に大きな刺激を与え，その発展に貢献した．例えば，情報源符号化の成果は音声符号化や画像符号化などの情報圧縮技術に生かされ，通信路符号化の成果は通信システムのみならず，メモリシステムなどの高信頼化技術に生かされている．情報理論はシャノンの理論を基礎にしてなお今日発展しつつあり，多くの分野でその応用が図られている．

1·2 通信系のモデル

通信における情報の伝達は，図1·1に示すようにモデル化して考えることができる．

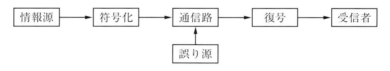

図 1·1 通信系のモデル

情報源（information source）は，送信しようとする通報の発生源である．通報には，数字，文字，記号の系列からなる**離散的通報**（discrete message）と連続的にどんな値でもとりうる数値からなる**連続的通報**（continuous message）がある．前者を**ディジタル通報**（digital message），後者を**アナログ通報**（analog message）ともいう．離散的通報を発生する情報源を**離散的情報源**，連続的通報を発生する情報源を**連続的情報源**と呼ぶ．

受信者（destination）は，送られてきた通報を受け取る人，あるいは機械である．情報伝送の目的は，情報源が発した通報を受信者が正しく受け取ることである．

通信路（channel）は通報の流れる道である．電気通信では通報は何らかの電

気信号に変換されて伝搬路に送られるが，ここではどのような形態で送られるかは考えない．通信路は固有の通信路記号をもち，一般に，通報はそのままの形では通信路に通すことはできない．そこで，通報から通信路記号系列への変換が必要になる．この操作が**符号化**（coding）である．受信者が通報を受け取るためには，通信路記号系列から通報への逆の操作が必要になる．この操作が**復号**（decoding）である．通信路記号が離散値で表されるような通信路を**離散的通信路**（discrete channel），通信路記号が連続値で表されるような通信路を**連続的通信路**（continuous channel）と呼ぶ．また，一般に電気信号の伝搬路には雑音が発生するため，送られた電気信号が受信側で間違って解釈される場合がある．この雑音の発生源を連続的通信路では**雑音源**（noise source）と呼ぶが，離散的通信路では，これは通信路に送られた記号が別の記号として間違って受信されることに相当するので，雑音発生源の代わりに**誤り源**（error source）を考え，誤り源から誤りの記号が発生したとき，それが送信記号に加わって受信されるとする．

　このように通報の伝達を抽象化してモデル化することにより，図1・1は電気通信系のみならず，広義の情報伝達系のモデルとして取り扱うことができ，シャノンの情報理論は単に電気通信の分野だけでなく，より広い他の分野に対しても適用されている．本書では，主として離散的情報源と離散的通信路からなる離散的通信系について述べる．連続的通信系については6章で述べる．

1・3　符号化の目的

　通信系の構築に際しては，できるだけ効率のよい情報の伝送を考えなければならない．そこで符号化においては，できるだけ効率よく（いいかえれば，できるだけ少ない記号数で），通報を通信路に固有の記号系列へ変換しなくてはならない．一方，一般に通信路には誤りが発生するので，伝送効率の向上のほかに信頼性の確保が重要である．

　情報伝送の目的は情報源が発した通報を受信者が正しく受け取ることであるので，通信路の記号が誤って受信されても通報が正しく認識できるような符号

化が望ましい．

このように，符号化には2つの目的があり，前者の目的のための符号化を**情報源符号化**（source coding），後者の目的のための符号化を**通信路符号化**（channel coding）と呼ぶ．以上をまとめると次のように書ける．

　　情報源符号化：伝送効率向上のための符号化
　　通信路符号化：信頼性確保のための符号化

上記の2つの符号化を区別して通信系をモデル化する場合，図1·1のモデルは図1·2のように書かれる．

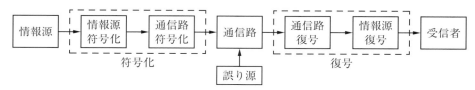

図 1·2　符号化の機能を細分化した通信系のモデル

1·4　情報源符号化の問題点

情報源符号化について考える場合には，図1·3に示すように通信路符号化・復号を通信路に含めて考え，通信路では誤りはないものとする．

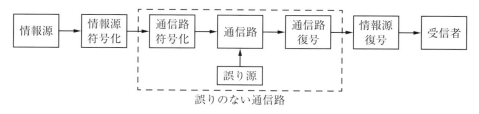

図 1·3　情報源符号化を考える場合の通信系のモデル

情報源符号化を考える場合，与えられた通報に対して具体的にどのような通信路記号系列を対応付けるかが第1の問題である．このとき，情報源符号化の目的からいえば，通信路に送られる記号の総数が最小になるような符号化法を

考えなければならない．

　第2に，ある適当な符号化が行われたとして，「通信路に送られる記号の総数はどこまで少なくできるのか」という理論的限界を知っておくことが必要である．このように，情報源符号化を考える場合

(1) 通報から通信路記号系列への具体的な対応付け（符号化）の問題
(2) 符号化の理論的限界に関する問題

の2つの問題がある．これについて詳しくは3章で述べる．

1・5　通信路符号化の問題点

　通信路符号化について考える場合には，図1・4に示すように情報源符号化を情報源に含め，また情報源復号を受信者に含めて考える．

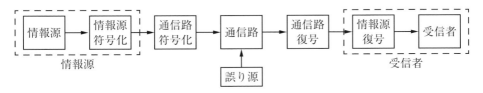

図 1・4　通信路符号化を考える場合の通信系のモデル

　通信路符号化の目的は，通信路で生じた誤りの影響を極力抑えて情報伝送の信頼性を確保することである．この目的のためには，誤りの影響を抑えるために，伝送効率を犠牲にして冗長な記号を送らなければならない．通信路符号化を考える場合，情報源符号化の場合と同様，通報から通信路記号系列への具体的な対応付けの方法，および復号法をどうするかが第1の問題である．

　通信路符号化の場合には，情報源符号化と違って，送信記号系列と受信記号系列が異なることがあるので，復号とは受信記号系列から送信記号系列を推定することである．したがって，できるだけ簡単な手順で，送信記号系列を推定できる復号法を見つけることが重要である．

　また，復号に際しては当然間違って推定する場合がある（この確率を**復号誤**

6 | 1章 序　説

り率という）ので，第2の問題として，「復号誤り率をどこまで小さくし，かつ送信記号系列の冗長をどこまで減らせるか」という通信路符号化の理論的限界を知っておくことが必要である．

　このように，通信路符号化を考える場合

(1) 通報から通信路記号系列への具体的な対応付け（符号化）ならびに復号法を見出す問題
(2) 符号化の理論的限界に関する問題

の2つの問題がある．これについて詳しくは4章，5章で述べる．

2 情報源と情報量

1章で述べたように，通信系を考える場合の問題として，「どうすれば情報を無駄なく送ることができるか」という問題（伝送効率の問題）と，「どうすれば確実に情報を届けられるか」という問題（信頼性の問題）がある．

この両者は，本来矛盾する要求であり，間違いのないように念を入れると能率が下がるし，能率を上げることばかり考えると誤りが混入しやすくなる．このような問題を数量的に解こうとすれば，まず情報なるものを定量的に表さなければならない．

本章では，情報の定量化と情報源のモデル化について述べる．

2·1 情報の定量化

まず，通報に含まれている情報の量の大小を，何によって定義すればよいかを考えてみる．われわれがある通報を聞いたときに，「多くの情報を得た」と感じる場合は，その通報が予期しない内容であったときであろう．

逆に，当然予期しえた内容を聞いた場合には，「少ししか情報を得なかった」と感じるであろう．

このように，通報に含まれている情報の量の大小は，その通報の内容の予測しやすさと難しさ，すなわち，そのような通報が表す事柄の発生確率に関係することがわかる．いいかえると，起こる確率の小さい事柄ほど，多くの情報量を含んでいるといえる．

そこで，通報に含まれる情報量を，その通報が表す事柄の発生確率の関数として定義することにする．情報量を表す関数は，上に述べた理由から発生確率に対して単調減少関数でなければならない．さらに，互いに独立な2つの事柄 a および b のもつ情報量の和は，「a と b が同時に起こる」という事柄の情報量

に等しくなければならないから，情報量を表す関数は，2 つの変数の積の関数値が，それぞれの変数の関数値の和で表されるような関数でなければならない．

すなわち，情報量を表す関数 $I(p)$ は

(1) $p_1 < p_2$ ならば $I(p_1) > I(p_2)$

(2) $I(p_1) + I(p_2) = I(p_1 p_2)$

を満たす関数でなければならない．上の 2 つの条件を満たす関数は対数関数である．したがって，以下のように事柄の発生確率の逆数の対数をその事柄の情報量と定義する．

定義 **2·1** 通報（事柄）a の発生確率が $P(a)$ であるとき

$$I(a) = \log_2(1/P(a)) = -\log_2 P(a) \quad [\text{ビット}] \qquad (2\cdot1)$$

を，この事柄のもっている情報量とする．

式 (2·1) で定義される情報量は，ある特定の事柄 a のもっている情報量であるから，これを特に事柄 a の自己情報量と呼ぶ．

【例題 2·1】 サイコロを振って 1 の目が出たとき，この事柄のもっている自己情報量を求めよ．

【解】 1 の目が出る確率は 1/6 であるから，情報量 I は

$$I = -\log_2(1/6) = \log_2 6 = 2.58 \quad [\text{ビット}]$$

である．

2·2 エントロピー

2·2·1 平均情報量

　前節では，ある特定の通報に含まれる自己情報量を定義した．しかし，通信システムを考えるうえで重要なのは，個々の通報に含まれるそれぞれの情報量ではなく，その通報の集まり全体における平均の情報量である．

　この平均の情報量のことを**エントロピー**と呼ぶ．

定義 2·2 M 個の独立な通報（事象）$a_1, a_2, \cdots, a_M$ があり，これら各通報が送られる確率（事象の生起確率）が $P(a_1), P(a_2), \cdots, P(a_M)$ であるとする．このとき，これら M 個の通報（事象）の 1 通報（事象）当たりの**平均情報量** $H(A)$

$$H(A) = \sum_{i=1}^{M} P(a_i)\, I(a_i) = -\sum_{i=1}^{M} P(a_i) \log_2 P(a_i) \quad [\text{ビット}] \quad (2·2)$$

を通報（事象）の組 $\{a_1, a_2, \cdots, a_M\}$ のエントロピーと呼ぶ．

　ただし，$\sum_{i=1}^{M} P(a_i) = 1$ である．

　エントロピーは，通報の担っている情報に着目すれば 1 通報当たりの平均の情報量であるが，特定の通報が発生する事象に着目すれば不確定さ，あるいはあいまいさの度合いを表す量でもある．

　すなわち，各通報の発生確率に偏りがある場合，どの通報が発生するか予測することは，各通報の発生確率に偏りがない場合に比べてやさしいであろう．各通報の発生確率の偏りが大きいほど，エントロピーは小さくなるので，エントロピーの大小は発生する通報の予測のしにくさを表していることになる．

【例題 2·2】　ある地方の天気予報は，雨の確率が 10%，くもりの確率が 20%，晴れの確率が 70% であった．この天気予報のエントロピーを求めよ．

【解】　$H(A) = -0.1 \log_2 0.1 - 0.2 \log_2 0.2 - 0.7 \log_2 0.7 = 1.16 \quad [\text{ビット}]$

エントロピーの性質

(1) エントロピーは非負である．すなわち，$H(A) \geqq 0$ である．
(2) すべての通報（事象）の生起確率が等しいとき，エントロピーは最大になり

$$H(A) = -\sum_{i=1}^{M} P(a_i) \log_2 P(a_i) \leqq \log_2 M \tag{2・3}$$

である．

（証明） (1) については，通報の生起確率 $P(a_i)$ ($i=1,2,\cdots,M$) が $0 \leqq P(a_i) \leqq 1$ であることより明らかである．等号が成り立つのは，ある1つの通報の生起確率が1で，他の通報の生起確率が0の場合である．

(2) の証明は，不等式

$$\ln x \leqq x - 1 \quad (x > 0) \tag{2・4}$$

を利用する（図 2・1 参照）．

$$\begin{aligned}
&H(A) - \log_2 M \\
&= -\sum_{i=1}^{M} P(a_i) \log_2 P(a_i) \\
&\quad -\sum_{i=1}^{M} P(a_i) \log_2 M \\
&= \sum_{i=1}^{M} P(a_i)\{-\log_2 P(a_i) - \log_2 M\} = \sum_{i=1}^{M} P(a_i) \log_2 \frac{1}{MP(a_i)}
\end{aligned} \tag{2・5}$$

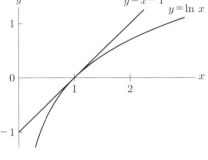

図 2・1 $\ln x \leqq x - 1$ を示すグラフ

不等式 (2・4) は $\log_2 x \leqq (\log_2 e)(x-1)$ と書けるから，式 (2・5) は

$$\sum_{i=1}^{M} P(a_i) \log_2 \frac{1}{MP(a_i)} \leqq \sum_{i=1}^{M} P(a_i)(\log_2 e)\left\{\frac{1}{MP(a_i)} - 1\right\}$$

$$= (\log_2 e)\left\{\sum_{i=1}^{M} \frac{1}{M} - \sum_{i=1}^{M} P(a_i)\right\} = 0$$

となる. すなわち

$$H(A) \leq \log_2 M$$

である. 等号は $x = 1$, すなわち $P(a_i) = 1/M$ のとき成立する. ∎

【例題 2·3】 2個の通報 $\{a_1, a_2\}$ があり, 一方の生起確率が p であるとき, この通報の組のエントロピー $H(A)$ を, p の関数として表せ.

【解】 一方の生起確率が p のとき, 他方の生起確率は $1-p$ であるから

$$H(A) = -p\log_2 p - (1-p)\log_2(1-p) \tag{2·6}$$

である.

式 (2·6) の関数は**エントロピー関数**と呼ばれ, $\mathscr{H}(p)$ で表される. $\mathscr{H}(p)$ と p の関係は図 2·2 のようになる. $\mathscr{H}(p)$ は $p = 0.5$ のとき最大で, 左右対称な関数である.

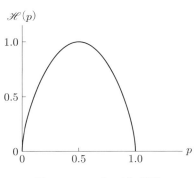

図 2·2 エントロピー関数

2·2·2 結合エントロピー

情報源からの M 個の通報の組が $a_1, a_2, \cdots, a_M$ であり, 一方, 受信側で受信する通報の組が $b_1, b_2, \cdots, b_N$ であるとする. このとき, 通報 a_i が送信されて, 通報 b_j が受信される結合 (同時) 確率 $P(a_i, b_j)$ が計算でき

$$\sum_{i=1}^{M}\sum_{j=1}^{N} P(a_i, b_j) = 1 \tag{2·7}$$

である. この結合確率 $P(a_i, b_j)$ を用いて, 前節と同様にエントロピーを計算することができる.

12 | 2章 情報源と情報量

定義 **2·3** 2つの通報（事象）の組 $A = \{a_1, a_2, \cdots, a_M\}$ と $B = \{b_1, b_2, \cdots, b_N\}$ があり，通報（事象）a_i $(i = 1, 2, \cdots, M)$ と b_j $(j = 1, 2, \cdots, N)$ の結合確率を $P(a_i, b_j)$ とする．ただし，$P(a_i, b_j)$ は式 (2·7) を満たすものとする．このとき

$$H(A, B) = -\sum_{i=1}^{M} \sum_{j=1}^{N} P(a_i, b_j) \, \log_2 P(a_i, b_j) \quad [\text{ビット}] \qquad (2\cdot8)$$

を通報（事象）の組 A と B の**結合エントロピー**と呼ぶ．

結合エントロピーの性質

$$H(A, B) \leqq H(A) + H(B) \qquad (2\cdot9)$$

ただし，等号は A と B が独立のとき成立する．

（**証明**）

$$H(A) + H(B) = -\sum_{i=1}^{M} P(a_i) \log_2 P(a_i) - \sum_{j=1}^{N} P(b_j) \log_2 P(b_j)$$

$$= -\sum_{i=1}^{M} \sum_{j=1}^{N} P(a_i, b_j) \log_2 P(a_i) - \sum_{i=1}^{M} \sum_{j=1}^{N} P(a_i, b_j) \log_2 P(b_j)$$

$$= -\sum_{i=1}^{M} \sum_{j=1}^{N} P(a_i, b_j) \log_2 P(a_i) P(b_j)$$

$$H(A, B) - \{H(A) + H(B)\}$$

$$= -\sum_{i=1}^{M} \sum_{j=1}^{N} P(a_i, b_j) \log_2 P(a_i, b_j) + \sum_{i=1}^{M} \sum_{j=1}^{N} P(a_i, b_j) \log_2 P(a_i) P(b_j)$$

$$= \sum_{i=1}^{M} \sum_{j=1}^{N} P(a_i, b_j) \{\log_2 P(a_i) P(b_j) - \log_2 P(a_i, b_j)\}$$

$$= \sum_{i=1}^{M} \sum_{j=1}^{N} P(a_i, b_j) \log_2 \frac{P(a_i) P(b_j)}{P(a_i, b_j)} \qquad (2\cdot10)$$

不等式 (2·4) は $\log_2 x \leqq (\log_2 e)(x - 1)$ と書けるから，式 (2·10) は

$$\sum_{i=1}^{M}\sum_{j=1}^{N} P(a_i, b_j) \log_2 \frac{P(a_i)P(b_j)}{P(a_i, b_j)}$$

$$\leqq \sum_{i=1}^{M}\sum_{j=1}^{N} P(a_i, b_j)(\log_2 e)\left\{\frac{P(a_i)P(b_j)}{P(a_i, b_j)} - 1\right\}$$

$$= (\log_2 e)\sum_{i=1}^{M}\sum_{j=1}^{N}\{P(a_i)P(b_j) - P(a_i, b_j)\} = 0$$

となる．すなわち

$$H(A, B) \leqq H(A) + H(B)$$

である．等号は $x = 1$，すなわち $P(a_i)P(b_j) = P(a_i, b_j)$ のとき成立する．　■

2·2·3　条件付きエントロピー

情報源からの，M 個の通報の組が $a_1, a_2, \cdots, a_M$ であり，各通報が送られる確率がそれぞれ $P(a_1), P(a_2), \cdots, P(a_M)$ であるとする．一方，受信側で受信する通報の組を $b_1, b_2, \cdots, b_N$ とすると，通報 a_i が送られたときに受信された通報が b_j である条件付き確率 $P(b_j|a_i)$ が計算でき，

$$\sum_{j=1}^{N} P(b_j|a_i) = 1 \qquad (i = 1, 2, \cdots, M) \tag{2·11}$$

である．ここで，通報 a_i $(i = 1, 2, \cdots, M)$ が送られたときに受信された通報の組 B についてのエントロピー $H(B|a_i)$ は，式 (2·2) より

$$H(B|a_i) = -\sum_{j=1}^{N} P(b_j|a_i) \log_2 P(b_j|a_i) \quad [\text{ビット}] \tag{2·12}$$

である．さらに，$H(B|a_i)$ を各 a_i について平均すれば，通報の組 A の下での B の条件付きエントロピーが定義できる．

14 2章 情報源と情報量

定義 2.4 2つの通報（事象）の組 $A = \{a_1, a_2, \cdots, a_M\}$ と $B = \{b_1, b_2, \cdots, b_N\}$ があり，通報（事象）a_i $(i = 1, 2, \cdots, M)$ と b_j $(j = 1, 2, \cdots, N)$ の条件付き確率を $P(b_j|a_i)$ とする．このとき，

$$
\begin{aligned}
H(B|A) &= \sum_{i=1}^{M} P(a_i) H(B|a_i) \\
&= -\sum_{i=1}^{M} P(a_i) \sum_{j=1}^{N} P(b_j|a_i) \log_2 P(b_j|a_i) \\
&= -\sum_{i=1}^{M} \sum_{j=1}^{N} P(a_i, b_j) \log_2 P(b_j|a_i) \quad [\text{ビット}] \qquad (2 \cdot 13)
\end{aligned}
$$

を通報（事象）の組 A の下での B の**条件付きエントロピー**と呼ぶ.

同様に，条件付き確率 $P(a_i|b_j)$ より，通報（事象）の組 B の下での A の条件付きエントロピーが定義できる．ここで，条件付き確率 $P(a_i|b_j)$ は，受信された通報が b_j であるとき通報 a_i が送られた確率を表すから，**事後確率**と呼ばれる．すなわち，事後確率は，結果を知ったときの原因に関する条件付き確率である．この事後確率 $P(a_i|b_j)$ は次の関係式より求めることができる.

$$
P(a_i, b_j) = P(a_i) P(b_j|a_i) = P(b_j) P(a_i|b_j)
$$

より

$$
\begin{aligned}
P(a_i|b_j) &= \frac{P(a_i) P(b_j|a_i)}{P(b_j)} = \frac{P(a_i) P(b_j|a_i)}{\sum_{k=1}^{M} P(b_j, a_k)} \\
&= \frac{P(a_i) P(b_j|a_i)}{\sum_{k=1}^{M} P(a_k) P(b_j|a_k)}
\end{aligned} \qquad (2 \cdot 14)
$$

となる．式 (2·14) を**ベイズの定理**と呼ぶ.

2·2 エントロピー | 15

条件付きエントロピーの性質

(1) $H(A, B) = H(A) + H(B|A) = H(B) + H(A|B)$ (2·15)

(2) $H(B|A) \leqq H(B)$ (2·16)

ただし，等号は A と B が独立のとき成立する．

（証明）

(1) $H(A) + H(B|A)$

$$
= -\sum_{i=1}^{M} P(a_i) \log_2 P(a_i) - \sum_{i=1}^{M} \sum_{j=1}^{N} P(a_i, b_j) \log_2 P(b_j|a_i)
$$

$$
= -\sum_{i=1}^{M} \sum_{j=1}^{N} P(a_i, b_j) \log_2 P(a_i) - \sum_{i=1}^{M} \sum_{j=1}^{N} P(a_i, b_j) \log_2 P(b_j|a_i)
$$

$$
= -\sum_{i=1}^{M} \sum_{j=1}^{N} P(a_i, b_j) \log_2 P(a_i) P(b_j|a_i)
$$

$$
= -\sum_{i=1}^{M} \sum_{j=1}^{N} P(a_i, b_j) \log_2 P(a_i, b_j)
$$

$$
= H(A, B)
$$

同様に，$H(B) + H(A|B) = H(A, B)$ である．

(2) $H(B|A) - H(B)$

$$
= -\sum_{i=1}^{M} \sum_{j=1}^{N} P(a_i, b_j) \log_2 P(b_j|a_i) + \sum_{j=1}^{N} P(b_j) \log_2 P(b_j)
$$

$$
= -\sum_{i=1}^{M} \sum_{j=1}^{N} P(a_i, b_j) \log_2 P(b_j|a_i) + \sum_{i=1}^{M} \sum_{j=1}^{N} P(a_i, b_j) \log_2 P(b_j)
$$

$$
= \sum_{i=1}^{M} \sum_{j=1}^{N} P(a_i, b_j) \{ \log_2 P(b_j) - \log_2 P(b_j|a_i) \}
$$

$$
= \sum_{i=1}^{M} \sum_{j=1}^{N} P(a_i, b_j) \log_2 \frac{P(b_j)}{P(b_j|a_i)} \tag{2·17}
$$

不等式 $(2\cdot4)$ は $\log_2 x \leqq (\log_2 e)(x-1)$ と書けるから，式 $(2\cdot17)$ は

$$\sum_{i=1}^{M}\sum_{j=1}^{N} P(a_i, b_j) \log_2 \frac{P(b_j)}{P(b_j|a_i)}$$

$$\leqq \sum_{i=1}^{M}\sum_{j=1}^{N} P(a_i, b_j)(\log_2 e)\left\{ \frac{P(b_j)}{P(b_j|a_i)} - 1 \right\}$$

$$= (\log_2 e) \sum_{i=1}^{M}\sum_{j=1}^{N} \{P(a_i)P(b_j) - P(a_i, b_j)\} = 0$$

となる．すなわち

$$H(B|A) \leqq H(B)$$

である．等号は $x = 1$，すなわち $P(a_i)P(b_j) = P(a_i, b_j)$ のとき成立する． ■

2·2·4　相互情報量

　通報（事象）の組 A と B とが何らかの関係があるものとすれば，A が何であるかを知ることによって，B が何であるかについても若干の情報が得られる．

　この情報量は，A を知ることによってもたらされる B のエントロピー（B についての不確定さ）の減少分，すなわち，A を知る前の B のエントロピー $H(B)$ から，A を知った後になお残る B のエントロピー $H(B|A)$ を引いたものである．

　これが，通報（事象）の組 A と B の相互情報量 $I(A; B)$ である．

> **定義** 2·5
>
> $$I(A; B) = H(B) - H(B|A) \tag{2·18}$$
>
> を，通報（事象）の組 A と B の**相互情報量**と呼ぶ．

2·2 エントロピー 17

相互情報量の性質

(1) $I(A;B) \geqq 0$ (2·19)

(2) $I(A;B) = H(B) - H(B|A)$

$\qquad = H(A) - H(A|B)$

$\qquad = H(A) + H(B) - H(A,B)$ (2·20)

（証明）

(1) 式 (2·18) に式 (2·16) を適用すれば，$I(A;B) \geqq 0$ が得られる．

(2) $I(A;B) = H(B) - H(B|A)$

$$= -\sum_{j=1}^{N} P(b_j) \log_2 P(b_j) + \sum_{i=1}^{M} \sum_{j=1}^{N} P(a_i, b_j) \log_2 P(b_j|a_i)$$

$$= -\sum_{i=1}^{M} \sum_{j=1}^{N} P(a_i, b_j) \log_2 P(b_j) + \sum_{i=1}^{M} \sum_{j=1}^{N} P(a_i, b_j) \log_2 P(b_j|a_i)$$

$$= \sum_{i=1}^{M} \sum_{j=1}^{N} P(a_i, b_j) \log_2 \frac{P(b_j|a_i)}{P(b_j)}$$

$$= \sum_{i=1}^{M} \sum_{j=1}^{N} P(a_i, b_j) \log_2 \frac{P(a_i, b_j)}{P(a_i)P(b_j)} \tag{2·21}$$

であるから，$I(A;B) = I(B;A)$ である．式 (2·18) に式 (2·15) を適用すれば

$$I(A;B) = H(B) - H(B|A) = H(A) + H(B) - H(A,B)$$

である． ∎

　式 (2·20) より $I(A;B)$ は A, B について対称であるから，A を知ることによって得られる B についての情報量は，B を知ることによって得られる A についての情報量に等しい．

18 | 2章　情報源と情報量

【**例題 2・4**】　実際の天気と天気予報との結合確率が**表 2・1**のように与えられている. ただし, 天気は晴と雨の 2 種類しかないものとする. このとき, 天気予報を聞くことによって得られる実際の天気についての情報量（相互情報量）を求めよ.

表 2・1　天気予報と実際の天気の結合確率

		実際の天気 A	
		晴 a_1	雨 a_2
天気予報 B	晴 b_1	0.60	0.15
	雨 b_2	0.05	0.20

【**解**】　実際の天気を A, 天気予報を B とし, 晴および雨をそれぞれ添字 1, 2 で表す.

$$P(a_1) = 0.60 + 0.05 = 0.65, \quad P(a_2) = 0.15 + 0.20 = 0.35$$

より

$$H(A) = -0.65 \log_2 0.65 - 0.35 \log_2 0.35 = 0.934$$

である.

$$\begin{cases} P(a_1|b_1) = 0.60/(0.60 + 0.15) = 0.80 \\ P(a_2|b_1) = 0.15/(0.60 + 0.15) = 0.20 \\ P(a_1|b_2) = 0.05/(0.05 + 0.20) = 0.20 \\ P(a_2|b_2) = 0.20/(0.05 + 0.20) = 0.80 \end{cases}$$

より

$$\begin{aligned} H(A|B) &= -P(a_1, b_1) \log_2 P(a_1|b_1) - P(a_2, b_1) \log_2 P(a_2|b_1) \\ &\quad -P(a_1, b_2) \log_2 P(a_1|b_2) - P(a_2, b_2) \log_2 P(a_2|b_2) \\ &= -0.60 \log_2 0.80 - 0.15 \log_2 0.20 \\ &\quad -0.05 \log_2 0.20 - 0.20 \log_2 0.80 \\ &= 0.722 \end{aligned}$$

である. したがって, 以下となる.

$$I(A; B) = H(A) - H(A|B) = 0.934 - 0.722 = 0.212 \quad [\text{ビット}]$$

2·3 情報源の統計的表現

　情報源から発生する通報の符号化を考えるには，まず情報源から発生する記号系列の統計的性質が知られていなければならない．

　情報源からは，M 個の記号（情報源記号）のいずれかが順次発生されるものとする．この記号を 1 列に並べてつくった系列が通報である．

　いま，M 個の情報源記号の集合を

$$A = \{a_1, a_2, \cdots, a_M\} \tag{2·22}$$

で表し，集合 A の中のいずれかの記号が順次発生され，記号系列

$$x_1, x_2, x_3, \cdots, x_n \quad (x_i \in A; i = 1, 2, \cdots, n) \tag{2·23}$$

が得られるものとする．

　このような記号系列は，どの時点でもその統計的性質が変わらず，また，十分長いどの部分系列を選んでも，その統計的性質は同じで，しかも初期値には依存しないものとする（この性質を**エルゴード性**という）．

　このような情報源では，発生された記号系列を観測すればその情報源に固有の統計的性質を知ることができる．

　以下では，情報源の統計的表現として，情報源記号の統計的性質が独立生起過程である場合と，マルコフ過程である場合について考える．

2·4 独立生起情報源とエントロピー

2·4·1 独立生起情報源

　各時点における記号の発生が，他の時点での記号の発生とは独立であるとき，この情報源を**独立生起情報源**（independent occurrence source）あるいは**記憶のない情報源**（memoryless source）と呼ぶ．ここで，"記憶のない"とは，各記号間には相関がないことを表すが，実際の情報源では各記号間には相関がある

20 2 章　情報源と情報量

のが普通である．それにもかかわらず，この情報源が情報理論において重要な役割を果たすのは，数学的に最も簡単で，より複雑な情報源を取り扱う際の基礎となるからである．

独立生起情報源の統計的性質は，各情報源記号の生起確率だけで決まる．すなわち，記号 a_i $(i = 1, 2, \cdots, M)$ の生起確率 p_i により，その情報源の統計的性質がいい表せる．例えば，長さ n の記号系列（通報）$x_1, x_2, \cdots, x_n$ の生起確率 P は，記号 $x_i \in A$ の生起確率を $P(x_i)$ として

$$P = \prod_{i=1}^{n} P(x_i) \tag{2·24}$$

で与えられる．

そこで，情報源記号のエントロピーを，独立生起情報源のエントロピーと定義する．

定義 2·6　独立生起情報源のエントロピー H は，発生する記号のエントロピーで表され

$$H = -\sum_{i=1}^{M} p_i \log_2 p_i \quad [\text{ビット／記号}] \tag{2·25}$$

で与えられる．ここに，p_i $(i = 1, 2, \cdots, M)$ は M 個の情報源記号の生起確率である．

【例題 2·5】　$a_1 = 0$，$a_2 = 1$ の 2 種類の記号を発生する独立生起情報源がある．記号 0, 1 の生起確率がそれぞれ $p_1 = 0.8$，$p_2 = 0.2$ であるとき，通報 0001010000 の生起確率 P を求めよ．また，この情報源のエントロピー H を求めよ．

【解】　$P = 0.8^8 0.2^2 = 0.00671$

　　　　$H = -0.8 \log_2 0.8 - 0.2 \log_2 0.2 = 0.722$ 　[ビット／記号]

2·4·2　情報源が発生する記号系列とエントロピー

いま，記号 0 と 1 をそれぞれ確率 0.9, 0.1 で発生する独立生起情報源を考えよ

う．この情報源から例えば長さ 1000 の記号系列を発生させるとき，この記号系列には 1 だけが 1000 個続くような系列はまず現れないであろう．また，1000 個の記号のうち 0 が数個しか含まれないような系列もまず現れないであろう．

このように，記号系列の種類は $2^{1\,000}$ 個あるにもかかわらず，記号の生起確率に偏りがある場合には，実際にその情報源が発生する記号系列の種類は限られたものになる．当然，生起確率の偏りが大きいほど，すなわち情報源のエントロピーが小さいほど情報源が発生する記号系列の種類は限られてくる．そこで，情報源が発生する記号系列の種類と情報源のエントロピーとの関係を調べてみよう．

M 個の情報源記号 $a_1, a_2, \cdots, a_M$ をそれぞれ確率 $p_1, p_2 \cdots, p_M$ で発生する，独立生起情報源からの長さ n の出力記号系列を考える．この出力記号系列に含まれる記号 a_i の個数 n_i は，n が十分大きければ，np_i に近い値をとる．

したがって，系列の長さ n が十分大きければ，どの出力系列も各記号を同じだけ含み，どの出力系列の生起確率も

$$P = p_1{}^{np_1} p_2{}^{np_2} \cdots p_M{}^{np_M} \tag{2·26}$$

である．この式 (2·26) の両辺の対数をとると

$$\log_2 P = \sum_{i=1}^{M} np_i \log_2 p_i = -nH \tag{2·27}$$

となり，出力記号系列の生起確率 P は，情報源のエントロピーを用いて

$$P = 2^{-nH} \tag{2·28}$$

と表される．すなわち，系列の長さが十分長いとき，情報源が発生する記号系列はいずれも生起確率が式 (2·28) で表されるものだけであり，これ以外の系列の生起確率は無視できるほど小さいといえる．それゆえ，系列の長さが十分長いとき，情報源が発生する記号系列の種類はほぼ $1/P = 2^{nH}$ である．

この結果は，独立生起情報源だけでなく次節で述べるマルコフ情報源に対しても成立する．ここで述べた，情報源が発生する記号系列とエントロピーの関係は，4 章の通信路符号化において重要な役割を果たす．

22 | 2章 情報源と情報量

2·5 マルコフ情報源とエントロピー

2·5·1 m 重マルコフ情報源

　実際の情報源では，各記号間には相関があるのが，普通である．すなわち，記号の生起確率は，その直前何個かの時点において発生した記号に左右されるのが普通である．このような時系列の確率過程を，**マルコフ過程**（Markov process）と呼ぶ．任意の時点の記号の生起確率が，その直前 m 時点において発生した記号にのみ依存し，それ以前の時点において発生した記号には依存しないとき，そのマルコフ過程を m 重マルコフ過程と呼ぶ．特に $m = 1$ のとき，単純マルコフ過程という．記号の発生がマルコフ過程で表される情報源を，**マルコフ情報源**（Markov source）と呼ぶ．

　m 重マルコフ情報源における任意の時点 t での記号 x_t の生起確率は，その直前 m 個の記号系列の条件付き確率により

$$P(x_t|x_{t-m} \cdots x_{t-1}) \tag{2·29}$$

で与えられる．ここで，記号系列 $x_{t-m} \cdots x_{t-1}$ を発生したという事柄を**状態**と呼び，S_i とおくと，式 (2·29) の条件付き確率は

$$P(x_t|x_{t-m} \cdots x_{t-1}) = P(x_t|S_i) \tag{2·30}$$

と書くことができる．

　また，記号系列 $x_{t-m+1} \cdots x_{t-1}x_t$ が発生したという状態を S_j とすると，状態 S_i において記号 x_t が発生したために状態が S_j に移ったと考えることができる．状態 S_i が状態 S_j に移る確率を $P(S_j|S_i)$ とすると，式 (2·30) は

$$P(x_t|S_i) = P(S_j|S_i) \tag{2·31}$$

と書くことができる．状態が S_i から S_j へ移る確率を，状態 S_i から S_j への**遷移確率**（transition probability）と呼ぶ．さらに，状態 S_i から S_j への遷移確率 $p_{ij} = P(S_j|S_i)$ を行列

$$P = \begin{array}{c} \\ S_1 \\ \vdots \\ S_N \end{array} \begin{array}{c} S_1 \quad S_2 \quad \cdots\cdots\cdots \quad S_N \\ \left[\begin{array}{cccc} p_{11} & p_{12} & \cdots\cdots\cdots & p_{1N} \\ \cdots\cdots\cdots\cdots\cdots\cdots\cdots\cdots\cdots \\ p_{N1} & p_{N2} & \cdots\cdots\cdots & p_{NN} \end{array} \right] \end{array} \qquad (2 \cdot 32)$$

の形で表したものを**遷移確率行列**（transition probability matrix）という．ここに，N は状態の総数である．なお，ある状態からすべての状態に遷移する確率の和は 1 であるから，遷移確率行列の各行の和は 1 である．

【例題 2・6】 3 種類の記号 a, b, c を発生する 2 重マルコフ情報源の状態の総数を求めよ．

【解】 2 つの記号からなる系列の種類は，aa, ab, ac, ba, bb, bc, ca, cb, cc の 9 種類が考えられるから，状態の総数は $3^2 = 9$ である．

一般に，n 種類の記号を発生する m 重マルコフ情報源の状態の総数は n^m である．

2・5・2　状態遷移図

図 2・3 のように，状態の遷移を矢印で表したものを**状態遷移図**（state transition diagram）あるいは**シャノン線図**（Shannon diagram）という．矢印には，その

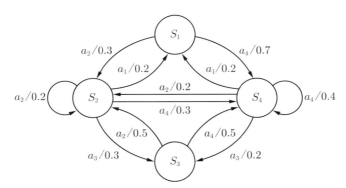

図 **2・3**　4 種類の記号を発生する単純マルコフ情報源の状態遷移図の例

遷移に際して発生した記号と遷移確率を付記する．矢印が存在しないのは，それに対応する状態遷移が起こらないことを表す．図中，例えば状態 S_1 から状態 S_2 への矢印に付記した $a_2/0.3$ は，状態 S_1 において確率 0.3 で記号 a_2 が発生し，状態 S_2 へ遷移することを表す．

【例題 2・7】 状態遷移確率行列が

$$P = \begin{array}{c} \\ S_1 \\ S_2 \\ S_3 \end{array} \begin{array}{c} \begin{array}{ccc} S_1 & S_2 & S_3 \end{array} \\ \left[\begin{array}{ccc} 0.2 & 0.3 & 0.5 \\ 0.3 & 0.1 & 0.6 \\ 0 & 0.5 & 0.5 \end{array} \right] \end{array}$$

で表されるマルコフ情報源がある．

このマルコフ情報源の状態遷移図を求めよ．

【解】 （図 2・4）

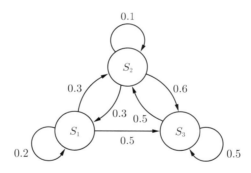

図 2・4　例題 2・7 の状態遷移図

2・5・3　定 常 確 率

エルゴード性を有するマルコフ情報源においては，どの状態から出発しても，十分長い状態遷移の後には，任意の状態に達する確率は各状態について一定の値に収束する．すなわち，十分長い状態遷移の後には，任意の時点でマルコフ過程が状態 S_i にある確率は，状態の初期値に関係なく，その状態 S_i だけで決まる．この値を状態 S_i の**定常確率**（stationary probablity）と呼ぶ．

時点 t において状態 S_i にある確率 $P(S_i)$ は，時点 $t-1$ において状態 S_k にあり，かつ遷移確率 $p_{ki} = P(S_i|S_k)$ で状態 S_i に遷移する確率をすべての k について足し合わせたものであり，しかも定常確率は時点 t に無関係であるから，次の関係が成り立つ．

$$P(S_i) = \sum_{k=1}^{N} P(S_k)\, P_{ki} \quad (i = 1, 2, \cdots, N) \tag{2·33}$$

ここで，式 (2·33) は未知数が N 個で，式の数も N 個であるが，独立な式は $N-1$ 個で，残り 1 個は従属な式である．また，確率の性質より

$$\sum_{k=1}^{N} P(S_k) = 1 \tag{2·34}$$

であるから，式 (2·33) の $N-1$ 個の式と式 (2·34) を解けば，定常確率は遷移確率から求めることができる．

【例題 2·8】 図 2·4 に示す状態遷移図の定常確率を求めよ．

【解】
$$\begin{cases} P(S_1) = 0.2P(S_1) + 0.3P(S_2) \\ P(S_2) = 0.3P(S_1) + 0.1P(S_2) + 0.5P(S_3) \\ P(S_3) = 0.5P(S_1) + 0.6P(S_2) + 0.5P(S_3) \\ P(S_1) + P(S_2) + P(S_3) = 1 \end{cases}$$

上 3 式の中の 2 式と，第 4 式を連立させて解くと

$$P(S_1) = 15/118, \quad P(S_2) = 20/59, \quad P(S_3) = 63/118$$

である．

2·5·4 マルコフ情報源のエントロピー

マルコフ情報源では，記号の生起確率がそれ以前に生起した記号によって変わるので，独立生起情報源のように生起確率だけでエントロピーを計算できない．しかし，エルゴード的マルコフ情報源では，各状態について定常確率と遷移確率が求まり，各状態の下での記号の発生は遷移確率だけで決まるから，ある状態 S_i の下で発生する記号系列に関するエントロピー $H_{Si}(X)$ は

$$H_{Si}(X) = -\sum_{j=1}^{M} P(a_j|S_i) \ \log_2 P(a_j|S_i) \tag{2・35}$$

で求められる．ここに，M は記号 a_j の総数であり，$P(a_j|S_i)$ は状態 S_i の下での記号 a_j の生起確率，すなわち遷移確率である．

この状態 S_i の下で発生する記号系列に関するエントロピー $H_{Si}(X)$ をすべての状態について平均することにより，マルコフ情報源が発生する記号系列のエントロピーが求められる．

> **定義 2・7** マルコフ情報源のエントロピー $H(X)$ は
> $$H(X) = \sum_{i=1}^{N} P(S_i) H_{Si}(X) \tag{2・36}$$
> で与えられる．
>
> ここに，$P(S_i)$ は状態 S_i の定常確率であり，$H_{Si}(X)$ は式 (2・35) で与えられる，状態 S_i の下で発生する記号系列に関するエントロピーである．

【例題 2・9】 図 2・5 に示す状態遷移図で表されるマルコフ情報源のエントロピーを求めよ．図において，S_0，S_1 はそれぞれ記号 0 と 1 が発生した状態を表す．

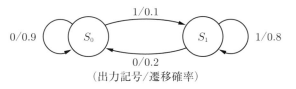

図 2・5 マルコフ情報源

【解】
$$\begin{aligned}
H(X) &= P(S_0)\{-0.1\log_2 0.1 - 0.9\log_2 0.9\} \\
&\quad + P(S_1)\{-0.2\log_2 0.2 - 0.8\log_2 0.8\} \\
&= (2/3)\{-0.1\log_2 0.1 - 0.9\log_2 0.9\} \\
&\quad + (1/3)\{-0.2\log_2 0.2 - 0.8\log_2 0.8\} \\
&= (2/3) \times 0.4690 + (1/3) \times 0.7219 \\
&= 0.553 \quad [\text{ビット}/\text{記号}]
\end{aligned}$$

である.

このマルコフ情報源における記号 0 および 1 の生起確率（状態 S_0 および S_1 の定常確率に等しい）はそれぞれ 2/3, 1/3 である. ところで，記号 0, 1 の生起確率がこのマルコフ情報源と等しい独立生起情報源のエントロピーは

$$H = -(1/3)\log_2(1/3) - (2/3)\log_2(2/3) = 0.918 \quad [\text{ビット/記号}]$$

であり，記号の生起確率が同じであっても，独立生起情報源の方がエントロピーが大きい.

このことは，エントロピーが不確定さの度合いを表す量と考えるとわかりやすい. すなわち，マルコフ情報源では，記号の生起がそれ以前に生起した記号に依存するので，それまでに発生した記号をみれば次に生起する記号についてある程度予測がつけられるのに対して，独立生起情報源では記号の生起が独立であるので，過去に生起した記号をみても次に生起する記号の予測には何ら役に立たず，それだけ不確定さが大きい.

したがって，独立生起情報源のほうがマルコフ情報源よりエントロピーが大きくなる.

演 習 問 題

(2・1) 1 人の人間が近視である確率を 0.4，近視の人が眼鏡をかけている確率を 0.8，近視でない人が眼鏡をかけている確率を 0.05 とする.

眼鏡をかけている人が近視である確率を求めよ.

(2・2) ある地方では 1 年のうち晴れが 60%，くもりが 30%，雨が 10% であるという. この地方の天候のエントロピーを求めよ.

(2・3) 50 人のクラスがある. 30 人が男子で，20 人が女子である. 数学が好きな者は男子では 20 人，女子では 5 人で，残りの者は数学嫌いであった.

数学の好き嫌いが性別に関して与える相互情報量を求めよ.

28 2 章　情報源と情報量

(2·4) 遷移確率行列が

$$
\begin{array}{c}
 & \begin{array}{ccc} S_0 & S_1 & S_2 \end{array} \\
\begin{array}{c} S_0 \\ S_1 \\ S_2 \end{array} &
\left[\begin{array}{ccc}
0.8 & 0.2 & 0 \\
0.5 & 0.4 & 0.1 \\
0.5 & 0.5 & 0
\end{array} \right]
\end{array}
$$

で与えられる 3 元単純マルコフ情報源がある．ただし，S_i $(i = 0, 1, 2)$ は記号 0，1，2 が出力された状態を表す．

(1) 状態遷移図を書け．

(2) 各状態の定常確率を求めよ．

(3) この情報源の 1 記号当たりのエントロピーを求めよ．

(2·5) 記号 0，1 を，それぞれ確率 0.9，0.1 で発生する 2 元独立生起情報源からの長さ n の出力系列を考える．

(1) n が十分大きいとき，長さ n の系列に含まれる記号 0，1 の個数はそれぞれほぼいくらか．

(2) n が十分大きいとき，この情報源から出力される長さ n の系列のうち，特定のパターンが出力される確率 P を求めよ．

(3) この情報源のエントロピー H を求めよ．

(4) 上の問 (2) の確率 P を H を用いて計算し，結果が同じになることを確かめよ．

(5) n が十分大きいとき，この情報源から出力される長さ n の系列の異なるパターンの個数を求めよ．

3 情報源符号化

　情報源符号化の目的は，通報をできるだけ短い記号系列に変換し，伝送の効率を高めることである．本章では，具体的な情報源符号化の方法と符号化の理論的限界について述べる．

3·1　符号の条件

3·1·1　一意復号可能性と瞬時復号可能性

　情報源からの情報は，情報源記号の系列からなる通報の形で与えられる．この通報を通信路記号系列に 1 対 1 に割り当てることを**符号化**（coding）といい，割り当てられた通信路記号系列を**符号語**（codeword），符号語の集合を**符号**（code）という．特に，0 と 1 の 2 種類の通信路記号からなる符号を **2 元符号**（binary code）という．逆に，符号語から元の情報源記号系列（通報）を復元することを**復号**（decoding）という．

　通信路記号系列の組が符号として使えるためには，元の通報が一意的に復元できなければならない．このためには，通報と符号語とが 1 対 1 に対応していることが必要であるが，それだけでは不十分である．例えば，**表 3·1** に示す符号 I は通報と符号語とが 1 対 1 に対応しているが，2 つ以上の符号語の並びに対しては一意的に復号できない．いま

　　　010011000101

のような符号語の並びを考えたとき，符号語の区切りを

　　　0, 1, 0, 0, 1, 1, 0, 0, 0, 1, 0, 1

30 │ 3 章　情報源符号化

表 3·1　一意復号可能な符号と不可能な符号の例

通報	符号 I	符号 II	符号 III	符号 IV
a_1	0	0	1	00
a_2	1	01	01	01
a_3	01	011	001	10
a_4	10	0111	0001	11
	一意復号 不 可 能	一意復号 可　　能	瞬時復号 可　　能	瞬時復号 可　　能

と考えると

$a_1, a_2, a_1, a_1, a_2, a_2, a_1, a_1, a_1, a_2, a_1, a_2$

と復号できるが，符号語の区切りを

$01, 0, 01, 10, 0, 01, 01$

と考えると

$a_3, a_1, a_3, a_4, a_1, a_3, a_3$

とも復号できる．このような符号は，一意復号不可能な符号という．

　これに対して，表 3·1 の符号 II は符号語の長さが異なるにもかかわらず，符号語の区切りは

$01, 0, 011, 0, 0, 01, 01$

$a_2, a_1, a_3, a_1, a_1, a_2, a_2$

の 1 通りしか存在しない．このような符号を，**一意復号可能**（uniquely decodable）な符号という．

　また，表 3·1 の符号 III も一意復号可能である．しかしながら，符号語の区切りを見つけ，元の通報に復元する際，符号 II では区切りの次の記号を受信してはじめて，その直前が区切りであったことを知るのに対し，符号 III では符号語を受信し終わった時点で，その符号語の区切りを知ることができる．符号 IIIのように，符号語を受信し終わった時点で，その符号語の区切りを知ることが

できる符号を，**瞬時復号可能**（instantaneously decodable）な符号という．符号IVのような等長の符号も瞬時復号可能である．

3·1·2 符号の木

　前節でみたように，通信路記号系列の組が符号として使えるためには，一意復号可能でなければならないが，実用性のうえではさらに瞬時復号可能であることが望ましい．それでは，与えられた符号が瞬時復号可能かをどのようにして見分ければよいであろうか．また，瞬時復号可能な符号を構成するにはどのような条件を満たせばよいであろうか．この条件を調べるには，図 3·1 に示すような**符号の木**が便利である．いま，2元符号について考える．まず始点（根とも呼ぶ）から2本の枝を伸ばし，その枝に記号 0 と 1 を割り当てる．この枝の先端を 1 次の**節点**とし，各 1 次の節点からまた2本の枝を伸ばし，その枝に記号 0 と 1 を割り当てる．さらに，1 次の節点から伸びた枝の先端を 2 次の節点とし，これを繰り返して l 次 $(l = 1, 2, 3, \cdots)$ の節点がつくれる．そして，根から l 次の節点に達するまでに経由した l 本の枝に割り当てられている記号を並べていくと，長さ l の2元記号系列ができる．このような記号系列をその節点に対応付けることにより，符号の木の節点として符号語を表すことができる．

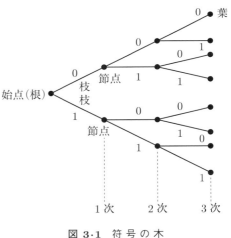

図 3·1　符 号 の 木

　さて，図 3·2, 図 3·3 はそれぞれ表 3·1 の符号 II, 符号 III を表す符号の木である．図 3·3 では，符号語に対応する節点の先にはそれ以上枝が伸びていない（このような節点を葉と呼ぶ）のに対し，図 3·2 では，符号語に対応する節点から伸びた枝の先に他の符号語が対応している．すなわち，図 3·2 で表される符

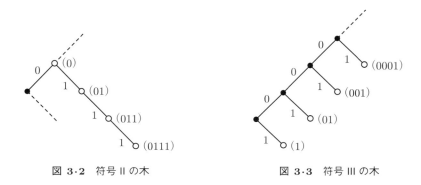

図 3·2　符号 II の木　　　　図 3·3　符号 III の木

号 II が瞬時復号可能でないのは，符号語の系列にしたがって符号の木をたどっていくときに，符号語に対応する節点に到達したとしても，その節点の先にまだ他の符号語に対応する節点が存在すれば，どちらの節点を正しい符号語に対応した節点と判断すればよいかがその時点ではわからないからである．

それに対して，図 3·3 で表される符号 III では，符号語に対応する節点に到達すれば，その時点でそれが正しい符号語であると判断できる．

以上のことより，瞬時復号可能であるための条件を以下のようにまとめることができる．

> **定理 3·1**　符号が瞬時復号可能であるための必要十分条件は，符号の木において，すべての符号語が葉に対応付けられていることである．

実用上意味のある符号は瞬時復号可能な符号であるので，以下では "符号" といえば瞬時復号可能な符号を指すものとする．

3·1·3　クラフトの不等式

瞬時復号可能な符号の符号語長に関して，次の定理が成り立つ．

定理 3·2 符号語長が $l_1, l_2, \cdots, l_M$ の M 個の符号語からなる瞬時復号可能な r 元符号が構成できるための必要十分条件は

$$r^{-l_1} + r^{-l_2} + \cdots + r^{-l_M} \leqq 1 \tag{3·1}$$

を満たすことである．

（証明） 一般性を失うことなく，$l_1 \leqq l_2 \leqq \cdots \leqq l_M$ とし，l_M 次までの節点からなる符号の木を考える．符号が瞬時復号可能であるとすると，符号語は符号の木の葉に割り当てられていなければならない．l_M 次の節点の総数は r^{l_M} 個あるが，l_i 次の1つの節点が符号語として使われると，その先に伸びる枝の節点は符号語として使えないから，$r^{l_M-l_i}$ 個の l_M 次の節点は符号の木から削除される（**図3·4**参照）．したがって，$l_1, l_2, \cdots, l_M$ 次の M 個の節点が符号語として選ばれたために削除される l_M 次の節点の個数は $r^{l_M-l_1} + r^{l_M-l_2} + \cdots + r^{l_M-l_M}$ で，これは l_M 次の節点の総数 r^{l_M} 以下であるから

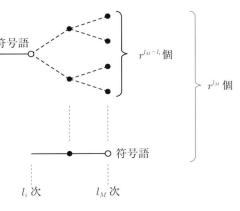

図 3·4 クラフトの不等式の説明図

$$r^{l_M-l_1} + r^{l_M-l_2} + \cdots + r^{l_M-l_M} \leqq r^{l_M}$$

である．両辺を r^{l_M} で割ると

$$r^{-l_1} + r^{-l_2} + \cdots + r^{-l_M} \leqq 1$$

である．

逆に，上の証明より，式 (3·1) を満たす $l_1, l_2, \cdots, l_M$ に対して，枝の長さが $l_1, l_2, \cdots, l_M$ である M 個の葉をもつ木をつくることができる．これら M 個の葉に長さ $l_1, l_2, \cdots, l_M$ の符号語を割り当てれば，符号語長が式 (3·1) を満たす瞬時復号可能な符号をつくることができる． ∎

34 | 3章 情報源符号化

式 (3·1) を**クラフトの不等式**という．式 (3·1) の結果は一意復号可能な符号まで一般化され，一意復号可能な符号が存在するための必要十分条件にもなっている．

3·2 平均符号長

情報源符号化を考える際の重要な問題は，どうすれば少ない通信路記号数で符号化を行えるかである．なぜなら，できるだけ少ない通信路記号数で符号化ができれば，メモリの節約や伝送時間の短縮につながり，経済的である．

情報源から発生する通報を符号化したときの，1 通報当たりの平均の符号語長を**平均符号長**といい，平均符号長の短い符号ほど "良い符号" といえる．通報 a_i $(i = 1, 2, \cdots, M)$ の生起確率を p_i，通報 a_i に対応する符号語の長さを l_i とすると，この符号の平均符号長 L は

$$L = \sum_{i=1}^{M} l_i p_i \tag{3·2}$$

で与えられる．ここに，M は通報の個数である．

【例題 3·1】 4 つの通報 a_1，a_2，a_3，a_4 をそれぞれ確率 0.6，0.2，0.1，0.1 で発生する情報源がある．この情報源から発生する通報を，表 3·1 の符号 III，符号 IV で符号化したときの平均符号長をそれぞれ求めよ．

【解】 符号 III の平均符号長 L_{III} は

$$L_{\mathrm{III}} = 1 \times 0.6 + 2 \times 0.2 + 3 \times 0.1 + 4 \times 0.1 = 1.7 \quad [\text{ビット／通報}]$$

であり，符号 IV の平均符号長 L_{IV} は

$$L_{\mathrm{IV}} = 2 \times 0.6 + 2 \times 0.2 + 2 \times 0.1 + 2 \times 0.1 = 2.0 \quad [\text{ビット／通報}]$$

である．

3·3 情報源符号化定理 | 35

【例題 3·2】 4 つの通報 a_1, a_2, a_3, a_4 の生起確率がそれぞれ 0.3, 0.3, 0.2, 0.2 であるとき，この独立生起情報源から発生する通報を表 3·1 の符号 III，符号 IV で符号化したときの平均符号長をそれぞれ求めよ．

【解】 符号 III の平均符号長 L_{III} は

$$L_{III} = 1 \times 0.3 + 2 \times 0.3 + 3 \times 0.2 + 4 \times 0.2 = 2.3 \quad [\text{ビット/通報}]$$

であり，符号 IV の平均符号長 L_{IV} は

$$L_{IV} = 2 \times 0.3 + 2 \times 0.3 + 2 \times 0.2 + 2 \times 0.2 = 2.0 \quad [\text{ビット/通報}]$$

である．

例題 3·1 および例題 3·2 に示すように，通報の生起確率により，どちらの符号を使うほうがよいか（平均符号長が短いか）が変わってくる．通報の生起確率に偏りがある場合，生起確率の大きい通報に短い符号語を割り当てれば全体として平均符号長が短くなることがわかる．符号 IV のような等長の符号では通報の生起確率によらず平均符号長は一定である．

それでは，情報源が与えられたとき，平均符号長ができるだけ短くなるような符号はどのようにしてつくればよいだろうか．また，平均符号長はどこまで短くできるであろうか．以下の節では，この問題について述べる．

3·3 情報源符号化定理

情報源から生起する通報を符号化するとき，その平均符号長に関して次の定理が成り立つ．

36 3章 情報源符号化

定理 **3·3** 独立生起情報源からの M 個の通報 $a_1, a_2, \cdots, a_M$ を r 種類の通信路記号で符号化するとき，平均符号長 L ［通信路記号/通報］が

$$\frac{H(A)}{\log_2 r} \leqq L < \frac{H(A)}{\log_2 r} + 1 \tag{3·3}$$

を満たすような符号化が存在する．しかし，平均符号長 L が $L < H(A)/\log_2 r$ となるような符号化は存在しない．ここに，$H(A)$ はこの情報源の1通報当たりのエントロピーであり，通報 a_i の生起確率を $P(a_i)$ として

$$H(A) = -\sum_{i=1}^{M} P(a_i) \log_2 P(a_i) \quad ［ビット/通報］ \tag{3·4}$$

である．

（証明） クラフトの不等式によれば，M 個の符号語の長さ $l_1, l_2, \cdots, l_M$ が

$$\sum_{i=1}^{M} r^{-l_i} \leqq 1 \tag{3·5}$$

を満たすような瞬時復号可能な符号が構成できる．

そこで，通報 a_i に対応する符号語の長さ l_i が

$$r^{-l_i} \leqq P(a_i) \tag{3·6}$$

を満たす最小の整数となるような符号を考える．

式 (3·6) の両辺をそれぞれすべての i について加えれば

$$\sum_{i=1}^{M} r^{-l_i} \leqq \sum_{i=1}^{M} P(a_i) = 1 \tag{3·7}$$

であるから，符号語長が式 (3·6) を満たす符号を構成することができる．

なお，式 (3·6) を満たす最小の整数 l_i は

$$-\log_r P(a_i) \leqq l_i < -\log_r P(a_i) + 1 \tag{3·8}$$

と書けるので，式 (3·8) の各項に $P(a_i)$ を掛けて，すべての i について加えれば，この符号の平均符号長 L ［通信路記号/通報］が求まり

$$-\sum_{i=1}^{M} P(a_i) \log_r P(a_i) \leqq \sum_{i=1}^{M} l_i P(a_i)$$

$$< -\sum_{i=1}^{M} P(a_i) \log_r P(a_i) + \sum_{i=1}^{M} P(a_i) \tag{3·9}$$

すなわち

$$\frac{H(A)}{\log_2 r} \leqq L < \frac{H(A)}{\log_2 r} + 1 \tag{3·10}$$

である．これで定理の前半は証明された．次に，定理の後半を証明しよう．

$$H(A)/\log_2 r - L = -\sum_{i=1}^{M} P(a_i) \log_r P(a_i) - \sum_{i=1}^{M} l_i P(a_i)$$

$$= \sum_{i=1}^{M} P(a_i) \left\{ \log_r \frac{1}{P(a_i)} - l_i \right\} = \sum_{i=1}^{M} P(a_i) \left\{ \log_r \frac{1}{P(a_i)} + \log_r r^{-l_i} \right\}$$

$$= \sum_{i=1}^{M} P(a_i) \log_r \{ r^{-l_i}/P(a_i) \} \tag{3·11}$$

ここで，$\ln x \leqq x - 1$ なる関係式を，$x = r^{-l_i}/P(a_i)$ として式 (3·11) に適用すると

$$H(A)/\log_2 r - L \leqq \sum_{i=1}^{M} P(a_i) \{ r^{-l_i}/P(a_i) - 1 \}/\ln r$$

$$= \left\{ \sum_{i=1}^{M} r^{-l_i} - \sum_{i=1}^{M} P(a_i) \right\}/\ln r = \left\{ \sum_{i=1}^{M} r^{-l_i} - 1 \right\}/\ln r \tag{3·12}$$

となる．ところが，符号が瞬時復号可能であるためにはクラフトの不等式を満たさなければならないから，式 (3·12) の最終項は負または 0 となり

$$H(A)/\log_2 r \leqq L \tag{3·13}$$

が示された．なお，等号は $r^{-l_i}/P(a_i) = 1$，すなわち $l_i = -\log_r P(a_i)$ のとき成立する． ∎

この定理 3・3 より，平均符号長 L が $(H(A)/\log_2 r)+1$ 未満であるような符号化が行えることが示された．

いま，通報 $a_i (i = 1, 2, \cdots, M)$ は q 元情報源記号の組として表されているとする．通報の並びである情報源記号系列を長さ n のブロックに区切り，q 種類の情報源記号 $(s_1, s_2, \cdots, s_q)$ からなる q^n 種類の長さ n のブロックを新たな q^n 元情報源記号とみなそう．この q^n 元情報源をもとの q 元情報源 S の **n 次拡大情報源** と呼び，S^n で表す．拡大情報源 S^n の記号を $u_1, u_2, \cdots, u_N$ $(N = q^n)$ とし，各記号の生起確率を $P(u_1), P(u_2), \cdots, P(u_N)$ とする．このとき，1 拡大情報源記号当たりのエントロピー $H(S^n)$ が

$$H(S^n) = -\sum_{i=1}^{N} P(u_i) \log_2 P(u_i) \quad [\text{ビット／拡大情報源記号}] \quad (3 \cdot 14)$$

で求められる．

定理 3・4 情報源 S が独立生起情報源であるとき

$$H(S^n) = nH(S) \tag{3 \cdot 15}$$

である．ここに，$H(S)$ は情報源 S の 1 情報源記号当たりのエントロピーである．

（証明） 拡大情報源 S^n の情報源記号 u_j を $u_j = (x_{j1}, x_{j2}, \cdots, x_{jn})$，$x_{jk} \in \{s_1, s_2, \cdots, s_q\}$ とおく．s_i $(i = 1, 2, \cdots, q)$ は情報源 S の情報源記号である．$P(u_j) = \prod_{k=1}^{n} P(x_{jk})$ であるから

$$H(S^n) = -\sum_{j=1}^{N} P(u_j) \log_2 P(u_j) = -\sum_{j=1}^{N} \prod_{k=1}^{n} P(x_{jk}) \log_2 \prod_{h=1}^{n} P(x_{jh})$$

$$= -\sum_{j=1}^{N} \prod_{k=1}^{n} P(x_{jk}) \sum_{h=1}^{n} \log_2 P(x_{jh})$$

$$= -\sum_{j=1}^{N} \sum_{h=1}^{n} \prod_{k=1}^{n} P(x_{jk}) \log_2 P(x_{jh})$$

$$= -\sum_{h=1}^{n} \left\{ \sum_{j=1}^{N} \prod_{k=1}^{n} P(x_{jk}) \log_2 P(x_{jh}) \right\} \quad (N = q^n) \qquad (3\cdot16)$$

となる.

$x_{1h}, x_{2h}, \cdots, x_{Nh}$ の中には, $s_1, s_2, \cdots, s_q$ がそれぞれ N/q 個ずつ含まれる. また, $\prod_{k=1}^{n} P(x_{jk})$ の中には $x_{jh} (= s_i)$ の生起確率が含まれているから, 式 $(3\cdot16)$ の $\{\ \}$ 内を $P(s_i) \log_2 P(s_i)$ でまとめると

$$\sum_{j=1}^{N} \prod_{k=1}^{n} P(x_{jk}) \log_2 P(x_{jh}) = \sum_{j=1}^{N} P(x_{jh}) \log_2 P(x_{jh}) \prod_{\substack{k=1 \\ k \neq h}}^{n} P(x_{jk})$$

$$= \sum_{i=1}^{q} P(s_i) \log_2 P(s_i) = -H(S) \qquad (3\cdot17)$$

となる. したがって, 式 $(3\cdot16)$ より

$$H(S^n) = nH(S) \qquad (3\cdot18)$$

である. ■

定理 $3\cdot3$ によれば, 拡大情報源記号を, 平均符号長 L_n [通信路記号/拡大情報源記号] が

$$\frac{H(S^n)}{\log_2 r} \leq L_n < \frac{H(S^n)}{\log_2 r} + 1 \qquad (3\cdot19)$$

を満たすような符号で符号化することができる. 独立生起情報源では, 定理 $3\cdot4$ より式 $(3\cdot19)$ は

$$\frac{nH(S)}{\log_2 r} \leq L_n < \frac{nH(S)}{\log_2 r} + 1 \qquad (3\cdot20)$$

と書けるので，この符号の平均符号長 L_n［通信路記号/拡大情報源記号］をもとの q 元情報源記号当たりの平均符号長 L［通信路記号/情報源記号］で表すと，$L = L_n/n$ であるから，式 (3·20) の両辺を n で割ることにより

$$\frac{H(S)}{\log_2 r} \leqq L < \frac{H(S)}{\log_2 r} + \frac{1}{n} \tag{3·21}$$

となる．ここで $n \to \infty$ とすると，$L \to H(S)/\log_2 r$ となる．

　$H(S)$［ビット/情報源記号］はもとの q 元情報源 S のエントロピーである．すなわち，拡大情報源の次元 n を限りなく大きくすることによって，2 元記号に換算した平均符号長がもとの情報源のエントロピーに等しくなるような符号化が行えることになる．以上のことをまとめると次の定理が得られる．

情報源符号化定理　（平均符号長の下界）　エントロピーが $H(S)$［ビット/情報源記号］の情報源から生起する情報源記号系列を，r 種類の通信路記号からなる符号で符号化するとき，その平均符号長が，$H(S)/\log_2 r$［通信路記号/情報源記号］にいくらでも近い瞬時復号可能な符号が存在する．

　しかし，平均符号長が $H(S)/\log_2 r$ より短い瞬時復号可能な符号は存在しない．

3·4　誤りのない通信路の通信路容量

　情報源符号化定理において，平均符号長が $H(S)/\log_2 r$［通信路記号/情報源記号］にいくらでも近い瞬時復号可能な r 元記号が存在することを述べた．それでは情報源符号化により，一定時間内にどれだけ多くの情報を送ることができるのかを考えてみよう．図 1·3 に示したように，情報源符号化について考える場合の通信路は，通信路符号化も含めた誤りのない通信路として考える．

　各通報を符号化して伝送するとき，1 通信路記号当たりの平均伝送時間が T［秒］，1 通信路記号当たりの平均情報量（エントロピー）が H［ビット/通信路記号］であるとする．このとき単位時間当たりに伝送できる平均情報量は

$$R = H/T \quad ［ビット/秒］ \tag{3·22}$$

である．これを誤りのない通信路の**情報伝送速度**（transmission rate）という．

通信路記号 c_i $(i = 1, 2, \cdots, r)$ の生起確率を $P(c_i)$，伝送時間長を τ_i とするとき，1 通信路記号当たりの平均伝送時間は

$$T = \sum_{i=1}^{r} \tau_i P(c_i) \quad [\text{秒/通信路記号}] \tag{3.23}$$

で，また 1 通信路記号当たりの平均情報量は

$$H = -\sum_{i=1}^{r} P(c_i) \log_2 P(c_i) \quad [\text{ビット/通信路記号}] \tag{3.24}$$

で与えられる．

式 (3.22)〜(3.24) より，各通信路記号の伝送時間長が τ_i の誤りのない通信路では，情報伝送速度 R は通信路記号の生起確率 $P(c_i)$ に依存することがわかる．そこで，通信路記号の生起確率 $P(c_i)$ を変化させたときの情報伝送速度 R の最大値

$$C = \max_{P(C_i)} R \quad [\text{ビット/秒}] \tag{3.25}$$

を，この誤りのない通信路の**通信路容量**（channel capacity）と定義する．

各通信路記号の伝送時間長が τ_i の，誤りのない通信路の通信容量について，次の定理が成り立つ．

定理 **3.5** 通信路記号 c_i $(i = 1, 2, \cdots, r)$ の伝送時間長が τi の，誤りのない通信路を通して各通報を符号化して伝送するとき，誤りのない通信路の通信路容量 C は

$$\sum_{i=1}^{r} 2^{-c\tau_i} = 1 \tag{3.26}$$

の正の根として求められる．

また，符号を伝送速度 C で伝送するための通信路記号 c_i の生起確率は

$$P(c_i) = 2^{-c\tau_i} \quad (i = 1, 2, \cdots, r) \tag{3.27}$$

である．

（証明） 条件 $\sum_{i=1}^{r} P(c_i) = 1$ のもとで $R = H/T$ を最大にする $P(c_i)$ を求める．そのために，未定係数法により

$$\log_2 H - \log_2 T + \lambda \left\{ \sum_{i=1}^{r} P(c_i) - 1 \right\}$$

を最大にする $P(c_i)$ を求める．

$$\frac{\partial}{\partial P(c_i)} \left[\log_2 H - \log_2 T + \lambda \left\{ \sum_{i=1}^{r} P(c_i) - 1 \right\} \right] = 0 \qquad (3\cdot28)$$

を計算すると

$$\frac{1}{H_0} \cdot \frac{\partial}{\partial P(c_i)} \{ -P(c_i) \log_2 P(c_i) \} - \frac{1}{T_0} \cdot \frac{\partial}{\partial P(c_i)} \{ \tau_i P(c_i) \} + \lambda$$

$$= \frac{-1 - \log_2 P(c_i)}{H_0} - \frac{\tau_i}{T_0} + \lambda = 0 \qquad (3\cdot29)$$

となる．ただし，H_0，T_0 は H，T に求める $P(c_i)$ を代入したものである．

式 $(3\cdot29)$ に $P(c_i)$ を掛けて，各 i について加えると

$$\sum_{i=1}^{r} \frac{-P(c_i) - P(c_i) \log_2 P(c_i)}{H_0} - \sum_{i=1}^{r} \frac{\tau_i P(c_i)}{T_0} + \sum_{i=1}^{r} \lambda P(c_i)$$

$$= \frac{-1 + H_0}{H_0} - \frac{T_0}{T_0} + \lambda = 0$$

よって

$$\lambda = 1/H_0$$

となり，これを式 $(3\cdot29)$ に代入すると

$$\frac{-1 - \log_2 P(c_i)}{H_0} - \frac{\tau_i}{T_0} + \frac{1}{H_0} = 0$$

より

$$P(c_i) = 2^{-c\tau_i} \qquad (3\cdot30)$$

が得られる．$\sum_{i=1}^{r} P(c_i) = 1$ であるから，通信路容量 C は

$$\sum_{i=1}^{r} 2^{-c\tau_i} = 1 \qquad (3\cdot31)$$

の正の根である． ∎

3·4 誤りのない通信路の通信路容量 43

どの通信路記号の伝送時間長も同じであれば，明らかに，各通信路記号の生起確率が等しいとき，伝送速度は最大になる．

【例題 3·3】 2 つの通信路記号 c_1，c_2 をそれぞれ所要時間 0.01 秒，0.04 秒で伝送する，誤りのない通信路がある．c_1，c_2 の生起確率がそれぞれ 0.75，0.25 であるとき，通信路記号の伝送速度を求めよ．また，この通信路の通信路容量を求めよ．

【解】 伝送速度 R は

$$R = \frac{-0.75 \log_2 0.75 - 0.25 \log_2 0.25}{0.75 \times 0.01 + 0.25 \times 0.04} = 46.4 \quad [ビット/秒]$$

である．

$$2^{-0.01C} + 2^{-0.04C} = 1$$

を解くと

$$C = 46.5 \quad [ビット/秒]$$

である．また，伝送速度が最大になるのは

$$\begin{cases} P(c_1) = 2^{-46.5 \times 0.01} = 0.72 \\ P(c_2) = 2^{-46.5 \times 0.04} = 0.28 \end{cases}$$

のときである．

いま，1 情報源記号当たりの平均符号長 L が，情報源のエントロピー $H(S)$ [ビット/情報源記号] に等しい 2 元符号化が存在したとする．このとき，通信路記号 0 と 1 は，1 記号当たり 1 ビットの情報を運ぶことができるので，通信路容量を C [ビット/秒] とすると，この通信路は 1 秒当たり平均 C 個の通信路記号を伝送する．

一方，1 情報源記号を伝送するのに平均 $L = H(S)$ 個の通信路記号を使うので，この通信路は 1 秒間に平均 $C/H(S)$ 個の情報源記号を伝送する．

したがって，1 情報源記号当たりの平均符号長 L が $H(S)$ [ビット/情報源記号]

44 3章 情報源符号化

に等しい符号化が存在することと，$C/H(S)$ ［情報源記号/秒］の割合で伝送できるような符号化が存在することとは等価であり，情報源符号化定理は次のようにいいかえることができる．

定理 3·6 エントロピーが $H(S)$ ［ビット/情報源記号］の情報源に通信路容量 C ［ビット/秒］の誤りのない通信路をつないで，$C/H(S)$ ［情報源記号/秒］に限りなく近い速度で伝送できる，符号化法が存在する．

　しかし，$C/H(S)$ ［情報源記号/秒］より大きい速度で伝送することは不可能である．

3·5　ハフマンの最短符号化

　情報源符号化定理によれば，符号語の平均長が下限に達するのは拡大情報源の次元を限りなく大きくしたときであった．しかし，実際にわれわれが取り扱う情報源は記号数が有限の情報源である．

　そこで，与えられた情報源（あるいは拡大情報源）に対して平均符号長が最短になる符号の構成法について考えてみよう．

　独立生起情報源からの通報が与えられたとき，符号語の長さを式 (3·6)（36 ページ）を満たす最小の整数になるように選ぶと，平均符号長が定理 3·3 の式 (3·3)（36 ページ）を満たす符号が構成できる．

　しかし，この符号の平均符号長は，必ずしも与えられた通報に対して最短なものとは限らない．例えば，通報 a_1，a_2，a_3，a_4 の生起確率がそれぞれ 0.6，0.2，0.1，0.1 であるとき，1 通報当たりのエントロピー $H(A)$ は 1.57 である．この通報を 2 元記号（$r = 2$）で符号化すると，式 (3·6) を満たす符号語長はそれぞれ $l_1 = 1$，$l_2 = 3$，$l_3 = 4$，$l_4 = 4$ となり，この符号の平均符号長は $L = 2$ である．しかしながら，例題 3·1 に示したように，平均符号長が 1.7 である符号が存在する．

　ある与えられた独立生起情報源からの通報を符号化するとき，平均符号長を最小にする符号を**最短符号**（compact code）という．最短符号の構成法はハフ

マン（D. A. Huffman）により与えられ，この符号は**ハフマン符号**（Huffman code）と呼ばれる.

以下では，2元符号の場合についてハフマン符号の構成法を示す．瞬時復号可能な符号は，その符号語が符号の木の葉に対応付けられているから，ハフマンの構成法では，符号の木を葉の部分からつくっていく.

ハフマン符号の構成法

（**手順1**） 与えられた M 個の通報に対応する葉をつくり，通報の生起確率をその葉の生起確率とする.

（**手順2**） M 個の葉の中から生起確率の最も小さい2つの葉を選び，その2つの葉を枝で結んで節点をつくる．2本の枝のそれぞれに符号化記号0と1を割り当てる.

　次に，この節点を新たな葉とみなし，元の2つの葉の生起確率の和をこの新たな葉の生起確率とする.

（**手順3**） 手順2で残った $M-1$ 個の葉に対して，$M \leftarrow M-1$ として手順2を繰り返す．残った葉が1つだけであれば，手順4に進む.

（**手順4**） 始点から葉に至る枝に割り当てられた符号化記号の並びが，その葉に対応する通報の符号語である.

同様に，生起確率の最も小さい r 個の葉を枝で結んで節点をつくっていけば，r 元ハフマン符号化が行える.

定理 **3.7** ハフマン符号は最短符号である.

（**証明**） ハフマンの符号化法では，生起確率の最も小さい葉2個を1つにまとめて新たな葉とし，符号化の各段階ごとに葉の数を1つずつ減らしていく．いま，通報の数を M とすると，i 番目の段階（$1 \leqq i \leqq M-1$）における葉の数は $M-i+1$ である．i 番目の段階における葉に割り当てられた符号語の集合を C_i，その平均符号長を L_i とする.

ここで，C_i と C_{i+1} を比較すると，C_{i+1} では，C_i における生起確率の最も小

さい 2 個の葉にある枝が 1 つ短くなっているから，これら 2 個の葉の生起確率を p_{i0}，p_{i1} とすると，L_i と L_{i+1} の間には

$$L_{i+1} = L_i - p_{i0} - p_{i1} \tag{3.32}$$

の関係が成り立つ．

そこで，ハフマン符号が最短符号であることを，数学的帰納法により証明しよう．まず，符号化の最終段階（$i = M - 1$）では葉の数は 2 個であるから，これらに 0 と 1 を割り当てた長さ 1 の符号 C_{M-1} は明らかに最短符号である．

次に，C_{i+1} が最短符号であるとき C_i も最短符号となることを示す．そのために，C_i が最短符号でないと仮定して，矛盾を導く．いま，C_{i+1} が最短符号であるとして，平均符号長が C_i の L_i より短い符号 C_i' が存在すると仮定し，この符号の平均符号長を L_i' ($< L_i$) とする．

C_{i+1} は C_i の最小の生起確率 p_{i0}，p_{i1} をもつ葉 2 個を 1 つにまとめて，新たな葉としてつくられた符号であるから，C_i' においても同じ生起確率 p_{i0}，p_{i1} をもつ葉 2 個を 1 つにまとめて，新たな葉として符号 C_{i+1}' をつくることができる．

このとき，C_{i+1}' の平均符号長 L_{i+1}' は

$$L_{i+1}' = L_i' - p_{i0} - p_{i1} \tag{3.33}$$

となるが，$L_i' < L_i$ であるから $L_{i+1}' < L_{i+1}$ である．ところが，これは C_{i+1} より平均符号長が短い符号が存在することになり，C_{i+1} が最短符号であることと矛盾する．

したがって，C_{i+1} が最短符号であれば C_i も最短符号となることが示された．

2 元符号の平均符号長の下限値は情報源のエントロピー $H(A)$ に等しいから，情報源 A を平均符号長 L の 2 元符号で符号化したときの**符号の効率**（efficiency）を

$$\eta = H(A)/L \tag{3.34}$$

で，また**符号の冗長度**（redundancy）を $1 - \eta$ で定義する．

【例題 3・4】 通報 a_1，a_2，a_3，a_4 の生起確率がそれぞれ 0.6，0.2，0.1，0.1 であるとき，この通報を 2 元ハフマン符号で符号化せよ．

また，この符号の平均符号長はいくらか．

【解】 ハフマン符号の構成過程を，図3·5に示す．

$l_1 = 1$, $l_2 = 2$, $l_3 = 3$, $l_4 = 3$ であるから，平均符号長 L は以下となる．

$$L = 1 \times 0.6 + 2 \times 0.2 \\ + 3 \times 0.1 + 3 \times 0.1 \\ = 1.6 \quad [\text{ビット／通報}]$$

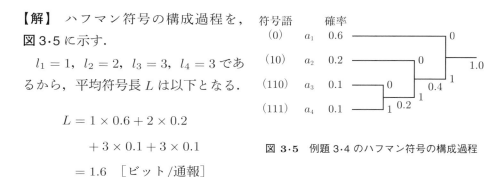

図 3·5 例題 3·4 のハフマン符号の構成過程

【例題 3·5】 通報 a_1, a_2, a_3, a_4, a_5 の生起確率がそれぞれ 0.4, 0.2, 0.2, 0.1, 0.1 であるとき，この通報を 2 元ハフマン符号で符号化せよ．

【解】 ハフマン符号の構成課程を図3·6に示す．図3·6(a)〜(c)に示すように，3種類のハフマン符号が構成できる．しかし，平均符号長は

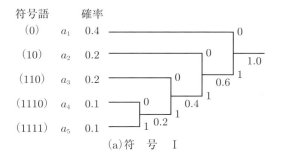

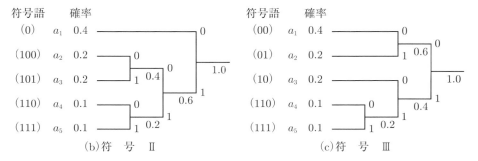

図 3·6 例題 3·5 のハフマン符号の構成過程

$$L_{\mathrm{I}} = 1 \times 0.4 + 2 \times 0.2 + 3 \times 0.2 + 4 \times 0.1 + 4 \times 0.1 = 2.2 \quad [\text{ビット/通報}]$$

$$L_{\mathrm{II}} = 1 \times 0.4 + 3 \times 0.2 + 3 \times 0.2 + 3 \times 0.1 + 3 \times 0.1 = 2.2 \quad [\text{ビット/通報}]$$

$$L_{\mathrm{III}} = 2 \times 0.4 + 2 \times 0.2 + 2 \times 0.2 + 3 \times 0.1 + 3 \times 0.1 = 2.2 \quad [\text{ビット/通報}]$$

となり，いずれの符号も同じである．

【例題 3·6】 情報源記号 0 と 1 をそれぞれ確率 0.9，0.1 で発生する 2 元独立生起情報源を考える．この情報源の 2 次の拡大情報源記号，ならびに 3 次の拡大情報源記号をそれぞれ 2 元ハフマン符号で符号化せよ．

また，元の情報源記号当たりの平均符号長と符号の効率を各符号について求めよ．

【解】 2 次の拡大情報源記号 00，01，10，11 の生起確率は，それぞれ 0.81，0.09，0.09，0.01 である．この 4 つの拡大情報源記号に対する 2 元ハフマン符号は**表 3·2** のようになる．平均符号長 L_2 は

表 3·2 2 次の拡大情報源記号に対するハフマン記号

記　　号	生起確率	符　号　語
00	0.81	0
01	0.09	10
10	0.09	110
11	0.01	111

$$L_2 = 1 \times 0.81 + 2 \times 0.09 + 3 \times 0.09 + 3 \times 0.01$$
$$= 1.29 \quad [\text{ビット/拡大情報源記号}]$$

である．したがって，1 情報源記号当たりの平均符号長 L は

$$L = L_2/2 = 1.29/2 = 0.645 \quad [\text{ビット/情報源記号}]$$

である．情報源のエントロピーは

$$H(A) = \mathscr{H}(0.1) = 0.469$$

であるから，符号の効率は

$$\eta = 0.469/0.645 = 0.727$$

である．

3 次の拡大情報源記号 000, 001, 010, 100, 011, 101, 110, 111 の生起確率はそれぞれ 0.729, 0.081, 0.081, 0.081, 0.009, 0.009, 0.009, 0.001 である．この 8 つの拡大情報源記号に対する 2 元ハフマン符号は**表 3·3** のようになる．平均符号長 L_3 は

表 3·3 3 次の拡大情報源記号に対するハフマン符号

記　　号	生起確率	符 号 語
000	0.729	0
001	0.081	100
010	0.081	101
100	0.081	110
011	0.009	11100
101	0.009	11101
110	0.009	11110
111	0.001	11111

$$L_3 = 1 \times 0.729 + 3 \times 0.081 + 3 \times 0.081$$
$$+ 3 \times 0.081 + 5 \times 0.009$$
$$+ 5 \times 0.009 + 5 \times 0.009 + 5 \times 0.001$$
$$= 1.598 \quad [\text{ビット／拡大情報源記号}]$$

である．したがって，1 情報源記号当たりの平均符号長 L は

$$L = L_3/3 = 1.598/3 = 0.533 \quad [\text{ビット／情報源記号}]$$

である．符号の効率は

$$\eta = 0.469/0.533 = 0.880$$

である．

　このように，拡大情報源の次元を大きくすれば 1 情報源記号当たりの平均符号長は短くなり，符号の効率が高くなっていく．

50 | 3章 情報源符号化

演 習 問 題

(3·1) 生起確率がそれぞれ 0.30, 0.25, 0.20, 0.15, 0.10 の 5 個の通報がある. これを**問表 3·1** に示す A～D の符号により符号化した. A～D の中で情報源符号として最適なものはどれか.

問表 3·1

	A	B	C	D
0.30	01	0	00	00
0.25	10	10	01	10
0.20	11	110	10	11
0.15	00	1110	110	100
0.10	111	1111	1110	1101

(3·2) 生起確率がそれぞれ 0.30, 0.25, 0.20, 0.15, 0.10 の 5 個の通報がある. この 5 つの通報を 2 元ハフマン符号で符号化せよ.
  また, そのときの平均符号長および符号の効率を求めよ.

(3·3) 5 つの通報をそれぞれ確率 0.5, 0.15, 0.15, 0.1, 0.1 で発生する記憶のない情報源がある. この情報源からの出力を 2 元符号で符号化するとき, 原理上 1 通報当たりの平均符号長をいくらまで小さくできるか.

(3·4) 情報源記号 0 と 1 の発生確率がそれぞれ 0.95, 0.05 の 2 元独立生起情報源がある.
  (1) この情報源からの出力を 2 つずつまとめた 4 種類の通報を 2 元ハフマン符号で符号化せよ. また, そのときの符号の効率を求めよ.
  (2) この情報源からの出力を 1, 01, 001, 000 の 4 種類の通報で表す. これら 4 つの通報を 2 元ハフマン符号で符号化せよ. また, そのときの符号の効率を求めよ.

(3·5) 所要時間がそれぞれ 0.1 秒, 0.2 秒の 2 つの通報 a_1, a_2 を, 誤りのない通信路を通して送りたい. 伝送速度を最大にするためには通報 a_1, a_2 の生起確率をそれぞれいくらにすればよいか.

4 通信路符号化

　通信路は，送信側から送られた信号を受信側に伝達する役割を果たすものである．実際の通信路では誤りが発生し，送信側から送られた記号系列が常に正しく受信側に届くとは限らない．このような通信路を誤りのある通信路という．

　本章では，誤りのある離散的通信路の統計的表現と通信路符号化定理について述べる．

4·1　離散的通信路のモデル

4·1·1　通信路行列による通信路の表現

　誤りのある通信路においては，送受信記号間の関係は確率的な関係であるから，通信路の性質は送受信記号間の確率的な記述，すなわち送受信記号間の条件付き確率により表現できる．各時点の受信記号の現れ方が，その時点の送信記号のみに依存し，それ以外の時点での送信記号には依存しないとき，その通信路を**記憶のない通信路**（memoryless channel）と呼ぶ．

　いま，送信記号を $A = \{a_1, a_2, \cdots, a_M\}$，受信記号を $B = \{b_1, b_2, \cdots, b_N\}$ とする．一般に $M \leq N$ であり，$a_1, a_2, \cdots, a_M$ はそれぞれ $b_1, b_2, \cdots, b_N$ の中のいずれかである．

　記号 a_i を送信したとき，受信側で記号 b_j を受信する確率を $P(b_j|a_i)$ とする．記憶のない通信路の場合，すべての i, j について条件付き確率 $P(b_j|a_i)$ が与えられれば，その通信路の統計的性質が表現されたことになる．

　簡単のため $p_{ij} = P(b_j|a_i)$ とおく．p_{ij} を (i,j) 要素とする M 行 N 列の行列

$$P_c = \begin{array}{c} \\ a_1 \\ a_2 \\ \vdots \\ a_M \end{array} \begin{array}{c} b_1 \quad b_2 \quad \cdots\cdots \quad b_N \\ \begin{bmatrix} p_{11} & p_{12} & \cdots\cdots & p_{1N} \\ p_{21} & p_{22} & \cdots\cdots & p_{2N} \\ \multicolumn{4}{c}{\dotfill} \\ p_{M1} & p_{M2} & \cdots\cdots & p_{MN} \end{bmatrix} \end{array} \qquad (4\cdot1)$$

を**通信路行列**（channel matrix）と呼ぶ．明らかに

$$p_{i1} + p_{i2} + \cdots + p_{iN} = 1 \qquad (i = 1, 2, \cdots, M) \qquad (4\cdot2)$$

である．

4・1・2 記憶のない離散的通信路の例

（1） 2元対称通信路（binary symmetric channel；BSC）

送受信記号がともに2元記号 $A = \{0, 1\}$, $B = \{0, 1\}$ からなり，記号0が1と受信される確率も，記号1が0と受信される確率も等しい（確率 p）場合，すなわち通信路行列が

$$P_c = \begin{bmatrix} 1-p & p \\ p & 1-p \end{bmatrix} \qquad (4\cdot3)$$

の形で与えられる場合，この通信路を**2元対称通信路**と呼ぶ．図4・1は送受信記号の関係を図示したものである．確率 p は，送信記号が誤って受信される確率であり，**ビット誤り率**（bit error rate；BER）と呼ばれる．

2元対称通信路は通信路のモデルとして最も基本的なものである．

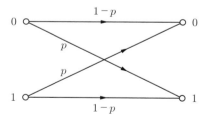

図 4・1 2元対称通信路

（2） 2元対称消失通信路（binary symmetric erasure channel；BSEC）

送信記号が2元記号 $A = \{0, 1\}$ からなり，受信記号が，消失記号 X を含む $B = \{0, 1, X\}$ の3元記号であり，通信路行列が

の形で与えられるとき，この通信路を **2元対称消失通信路** と呼ぶ．図 4·2 は送受信記号の関係を図示したものである．確率 p は，送信記号が誤って受信される確率であり，確率 q は，消失記号に受信される確率である．

ここで，消失記号は，伝送中に記号が脱落したり，また判定不能な記号として受信されたことに相当する．

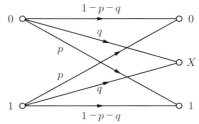

図 4·2　2元対称消失通信路

4·1·3　誤り源による2元通信路の表現

送受信記号がともに 2 元記号 $\{0,1\}$ からなる 2 元通信路における送受信記号間の関係は，**図 4·3** に示すように **誤り源**（error source）を用いて表すことができる．

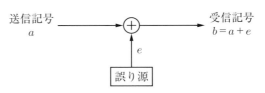

図 4·3　加法的 2 元通信路

この通信路モデルでは，誤り源は送信記号 a に無関係に記号 0 または 1 を出力し，送信記号 a と誤り源からの出力記号 e との排他的論理和が受信記号として受信される．すなわち，受信記号を b とするとき

$$b = a + e \qquad (4\cdot 5)$$

である．ここで，記号 $+$ は排他的論理和を表し

$$0+0=0, \quad 0+1=1, \quad 1+0=1, \quad 1+1=0$$

である．式 (4·5) において，$e=0$ であれば $b=a$ であり，誤りがない場合に相当する．また，$e=1$ であれば $b \neq a$ であり，誤りが生じた場合に相当する．

このような通信路を **加法的 2 元通信路** と呼ぶ．加法的通信路の送受信記号間

54 | 4章 通信路符号化

の統計的性質は，誤り源の統計的性質により，完全に表現されることになる．誤り源からの出力記号系列を**誤り系列**と呼ぶ．

【**例題 4・1**】　ビット誤り率が p の2元対称通信路を，誤り源による加法的2元通信路のモデルで表せ．

【**解**】　記号0も1も確率 p で，それぞれ記号1および0に誤って受信されるということは，誤り源から記号1が確率 p で出力されることに相当するから，ビット誤り率が p の2元対称通信路は，記号0および1をそれぞれ確率 $1-p$ と p で独立に出力する誤り源をもった加法的2元通信路である．

　記号0および1を独立に出力する誤り源をもつ加法的2元通信路（2元対称通信路）では，誤りは他の時点での誤りと独立に発生する．このような誤りを**ランダム誤り**（random error）と呼ぶ．

　誤りの発生には，ランダム誤りと違って，一度誤りが生じると引き続き誤りが生じやすくなる場合がある．このような，密集して発生する誤りを**バースト誤り**（burst error）と呼ぶ．なお，バースト誤りが生じる通信路は，マルコフモデルで表される誤り源をもつ加法的通信路と考えることができる．

4・2　伝送情報量

　前節で述べたような離散的通信路を通して送られてくる情報量について考えてみよう．通信路を通して送られてくる情報量は，受信側で受信記号を受け取ることによって得られる送信記号に関する情報量，すなわち，送受信記号に関する相互情報量にほかならない．これを**伝送情報量**と呼ぶ．

　送信記号のエントロピーを $H(A)$，受信記号のエントロピーを $H(B)$ とする．また，送信記号と受信記号の条件付きエントロピーをそれぞれ $H(A|B)$，$H(B|A)$ とすると，伝送情報量 $I(A;B)$ は

$$I(A;B) = H(A) - H(A|B)$$
$$= H(B) - H(B|A) \tag{4・6}$$

で表される．

式 (4·6) において，$H(A)$ は受信記号を受け取る前の送信記号に関する不確定さを表し，$H(A|B)$ は受信記号を受け取った後の送信記号に関する不確定さを表している．両者の差 $I(A;B)$ は，受信者が受信記号を受け取ることにより減少した送信記号に関する不確定さ，すなわち受信者が得た情報量である．ここで，$H(A|B)$ は，受信記号を受け取った後においてもなお残っている送信記号に関する不確定さであるから，**あいまい度**と呼ばれる．

一方，$H(B|A)$ は，送信記号を送った後の受信記号に関する不確定さ，すなわち送信から受信に至る記号の分散の度合いを表し，**散布度**と呼ばれる．

あいまい度と散布度の概念図を**図 4·4** に示す．

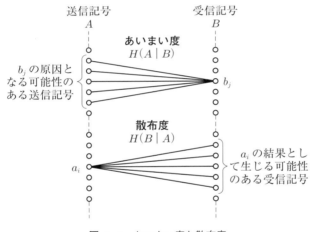

図 4·4　あいまい度と散布度

$I(A;B)$ は 1 記号当たりの伝送情報量［ビット/記号］を表すが，単位時間当たりの伝送情報量を特に**情報伝送速度**（transmission rate）と呼ぶ．ここで，1 記号当たりの平均時間長を T［秒/記号］とするとき，情報伝送速度 R は

$$R = I(A;B)/T \quad [\text{ビット}/\text{秒}] \tag{4·7}$$

である．

4·3 通信路容量

ある通信路を通して伝送される情報量は，送信記号と受信記号の相互情報量 $I(A; B)$ で与えられることを述べた．式 (4·6) の条件付きエントロピー

$$H(B|A) = -\sum_{i=1}^{M}\sum_{j=1}^{N} P(a_i)\,P(b_j|a_i)\log_2 P(b_j|a_i) \tag{4·8}$$

において，送信記号 a_i を送ったときに受信記号が b_j である条件付き確率 $P(b_j|a_i)$ は，与えられた通信路に固有の値であるから，与えられた通信路における条件付きエントロピー $H(B|A)$ は確率 $P(a_i)$ により決まることになる．

また，受信記号のエントロピー $H(B)$ も確率 $P(a_i)$ により決まる値であるから，伝送情報量 $I(A; B)$ は各送信記号が送られる確率 $P(a_i)$ に依存することになる．

そこで，確率 $P(a_i)$ をいろいろ変えると，伝送情報量 $I(A; B)$ の最大値が存在する．このときの伝送情報量 $I(A; B)$ の最大値を**通信路容量** (channel capacity) と呼ぶ．すなわち，通信路容量 C は

$$C = \max_{P(a_i)} I(A; B) \quad [\text{ビット}/\text{記号}] \tag{4·9}$$

で与えられる．通信路容量は，与えられた通信路を通して送ることのできる最大の情報量であり，その通信路の情報伝送能力を示すものである．

【例題 4·2】 通信路行列が式 (4·3) で与えられる 2 元対称通信路の通信路容量を求めよ．

【解】 送信記号 0，1 をそれぞれ a_0，a_1，受信記号 0，1 をそれぞれ b_0，b_1 とする．a_0 および a_1 が送信される確率をそれぞれ $P(a_0) = p_0$，$P(a_1) = 1 - p_0$ とおくと，b_0 および b_1 が受信される確率はそれぞれ

$$\begin{cases} P(b_0) = p_0(1 - p) + (1 - p_0)p \\ P(b_1) = p_0 p + (1 - p_0)(1 - p) \end{cases} \tag{4·10}$$

である．これより

$$H(B) = -P(b_0)\log_2 P(b_0) - P(b_1)\log_2 P(b_1) \tag{4・11}$$

である．一方，通信路行列より

$$H(B|A) = -p\log_2 p - (1-p)\log_2(1-p) \tag{4・12}$$

であり，この値は送信記号の生起確率に無関係であるから

$$C = \max_{p_0}\{H(B) - H(B|A)\}$$
$$= \max_{p_0}\{H(B)\} - H(B|A) \tag{4・13}$$

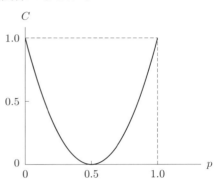

図 4・5 2元対称通信路の通信路容量

となる．エントロピー関数の性質より，$P(b_0) = P(b_1) = 0.5$ のとき $H(B)$ は最大で，最大値は 1 である．このとき，式 (4・10) より，$p_0 = 0.5$ である．したがって

$$C = 1 + p\log_2 p + (1-p)\log_2(1-p)$$
[ビット/記号] $\tag{4・14}$

である．この p と C の関係を図 4・5 に示す．

【例題 4・3】 通信路行列が式 (4・4) で与えられる 2 元対称消失通信路の通信路容量を求めよ．

【解】 送信記号 0, 1 をそれぞれ a_0, a_1，受信記号 0, 1, X をそれぞれ b_0, b_1, b_X とする．a_0 および a_1 が送信される確率をそれぞれ $P(a_0) = p_0$, $P(a_1) = 1 - p_0$ とおくと，b_0, b_1 および b_X が受信される確率はそれぞれ

$$\begin{cases} P(b_0) = p_0(1-p-q) + (1-p_0)p \\ P(b_1) = p_0 p + (1-p_0)(1-p-q) \\ P(b_X) = p_0 q + (1-p_0)q = q \end{cases} \tag{4・15}$$

である．これより

$$H(B) = -P(b_0) \log_2 P(b_0) - P(b_1) \log_2 P(b_1) - P(b_X) \log_2 P(b_X)$$

$$= -\{p_0(1-p-q) + (1-p_0)p\} \log_2\{p_0(1-p-q) + (1-p_0)p\}$$

$$- \{p_0 p + (1-p_0)(1-p-q)\} \log_2\{p_0 p + (1-p_0)(1-p-q)\}$$

$$- q \log_2 q \tag{4·16}$$

である．一方，通信路行列より

$$H(B|A) = -p \log_2 p - (1-p-q) \log_2(1-p-q) - q \log_2 q \tag{4·17}$$

であり，この値は送信記号の生起確率に無関係であるから

$$C = \max_{p_0}\{H(B) - H(B|A)\}$$

$$= \max_{p_0}\{H(B)\} - H(B|A) \tag{4·18}$$

となる．

　そこで，$H(B)$ を p_0 で偏微分して 0 とおき，$H(B)$ が最大になる p_0 を求める．

$$\frac{\partial H(B)}{\partial p_0} = -\log_2 e[\{(1-p-q) - p\} \ln\{p_0(1-p-q) + (1-p_0)p\}$$

$$+ \{(1-p-q) - p\}] - \log_2 e[\{p - (1-p-q)\} \ln\{p_0 p$$

$$+ (1-p_0)(1-p-q)\} + \{p - (1-p-q)\}]$$

$$= (1-2p-q) \log_2 e \ln \frac{p_0 p + (1-p_0)(1-p-q)}{p_0(1-p-q) + (1-p_0)p}$$

$$= 0 \tag{4·19}$$

より

$$p_0 p + (1-p_0)(1-p-q) = p_0(1-p-q) + (1-p_0)p$$

すなわち

$$2p_0(1-2p-q) = (1-2p-q)$$

となる．これを $1-2p-q \neq 0$ の場合について解くと

$$p_0 = 1/2 \tag{4·20}$$

を得る．このとき $H(B)$ は，式 (4·16) より

$$H(B) = (1 - q) - (1 - q) \log_2 (1 - q) - q \log_2 q$$

となり，したがって式 (4·18) より

$$C = (1 - q) - (1 - q) \log_2 (1 - q) + p \log_2 p + (1 - p - q) \log_2 (1 - p - q)$$

$$［ビット/記号］ \tag{4·21}$$

である．

4·4 加法的2元通信路の通信路容量

加法的2元通信路においては，誤り源からの出力記号を $e \in E = \{0, 1\}$ として

$$P(b_j|a_i) = P(a_i + e|a_i) = P(e|a_i) = P(e) \tag{4·22}$$

であるから

$$\begin{aligned}
I(A; B) &= H(B) - H(B|A) \\
&= H(B) - H(A + E|A) \\
&= H(B) - H(E|A) \\
&= H(B) - H(E) \tag{4·23}
\end{aligned}$$

である．ここに，$H(E)$ は誤り源のエントロピーである．$H(E)$ は送信記号の確率に無関係であるから

$$C = \max_{P(a_i)} I(A; B) = \max_{P(a_i)} \{H(B)\} - H(E) \tag{4·24}$$

である．$P(a_0) = P(a_1) = 0.5$ のとき e の値にかかわらず $P(b_0) = P(b_1) = 0.5$ となり，このとき $H(B)$ は最大で，最大値は 1 である．したがって，加法的2元通信路の通信路容量は

$$C = 1 - H(E) \quad [\text{ビット/記号}] \tag{4・25}$$

で与えられる．

【例題 4・4】 誤り源が図 4・6 のマルコフモデルで表される加法的 2 元通信路の通信路容量を求めよ．

ここに，S_0，S_1 はそれぞれ記号 0，1 を出力した状態を表す．

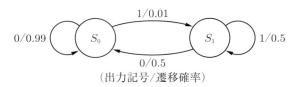

図 4・6 誤り源のマルコフモデル

【解】 図 4・6 のマルコフモデルの定常確率 $P(S_0)$，$P(S_1)$ は

$$\begin{cases} P(S_0) = 0.99 P(S_0) + 0.5 P(S_1) \\ P(S_0) + P(S_1) = 1 \end{cases}$$

より，$P(S_0) = 50/51$，$P(S_1) = 1/51$ となり

$$H(E) = P(S_0)\mathscr{H}(0.01) + P(S_1)\mathscr{H}(0.5) = 0.0988 \tag{4・26}$$

であるから

$$C = 1 - H(E) = 0.9012 \quad [\text{ビット/記号}] \tag{4・27}$$

となる．ここに，$\mathscr{H}(x)$ はエントロピー関数で，

$$\mathscr{H}(x) = -x \log_2 x - (1-x) \log_2 (1-x)$$

である．

この通信路のビット誤り率は 1/51 であるから，もしこの通信路に記憶がなく，誤りがランダムに発生するものとすれば，通信路容量は

$$C = 1 - \mathscr{H}(1/51) = 0.8608 \quad [\text{ビット/記号}] \tag{4・28}$$

となり，記憶がある場合に比べて小さくなる．これは，ランダム誤りのほうが予測がつきにくく不確実さが大きいために，その分だけ伝送される情報量が減るからである．

4·5 通信路符号化定理

　誤りの発生する通信路では，その誤りの発生確率に応じて伝送できる情報量の上限（通信路容量）が決まることを示した．このような誤りのある通信路を通して情報を伝送するとき，誤りの影響をなくして，正しく情報を伝送できる符号化法が存在するかどうかが問題である．

　また，そのような符号化法が存在するとすれば，その符号化により伝送できる情報量はいくらであろうか．

　これらの問題に解答を与えたのが次に述べる通信路符号化定理である．

> **通信路符号化定理**　通信路容量 C ［ビット/秒］の通信路を通して情報を伝送するとき，伝送速度 R ［ビット/秒］が $R \leqq C$ であれば，誤りの確率をいくらでも 0 に近づけることのできる符号化法が存在する．
> しかし，$R > C$ であれば，そのような符号化法は存在しない．

（証明）　ここでは，厳密な証明ではないが，符号化についての直観的な考え方について述べる．通信路容量 C，情報伝送速度 R の単位をともに［ビット/記号］で考える．情報伝送速度が通信路容量に等しくなるのは，送信記号の発生確率をある適当な値にしたときであるから，情報伝送速度が通信路容量に等しくなるような確率で送信記号を発生する情報源 S_0 が存在する．

　この情報源 S_0 から発生する長さ n の系列を考えると，2·4·2項（20ページ）で述べたように，n が十分大きいとき情報源 S_0 から発生する系列の総数は $2^{nH(X)}$である．ここに $H(X)$ は情報源 S_0 のエントロピーである．

　一方，情報伝送速度が R の長さ n の情報記号系列は，全部で 2^{nR} 個ある．

　そこで，情報源 S_0 から発生する $2^{nH(X)}$ 個の系列の中から送信記号系列を2^{nR} 個選び，そのおのおのに長さ n の情報記号系列 a_i を割り当て，情報記号系列 a_i を送りたいときには記号系列 x_i を送る．

　通信路での散布度が $H(Y|X)$ であるから，送信記号系列 x_i が受信される可能性のある受信記号系列 $y_{i1}, y_{i2}, \cdots, y_{ih}$ の個数は，n が十分大きければ $2^{nH(Y|X)}$であり，これ以外の記号が受信される確率は 0 に近いであろう．これら受信記

号系列の組を $Y_i = \{y_{i1}, y_{i2}, \cdots, y_{ih}\}$ としよう.

このとき，図 4·7 に示すように，各受信記号系列の組 Y_i が互いに重ならないように送信記号系列 x_i を選ぶことができ，このような送信記号系列 x_i の総数は受信記号系列の組 Y_i の総数に等しく

$$\frac{2^{nH(Y)}}{2^{nH(Y|X)}} = 2^{nH(Y)-nH(Y|X)} = 2^{nC} \tag{4·29}$$

である．したがって，$R \leqq C$ であれば，Y_i が互いに重ならないような記号系列 x_i と情報記号系列 a_i を 1 対 1 に対応付けることが可能である．

n を限りなく大きくすれば，送信記号系列 x_i が $Y_j (j \neq i)$ の中のいずれかの記号系列に受信される確率は 0 に近づくから，受信側で Y_i の中のいずれかの記

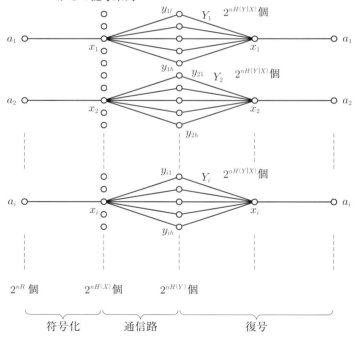

図 4·7　符号化のモデル

号系列が受信されたとき，記号系列 x_i，すなわち情報記号系列 a_i が送られたと判断すれば誤りのない情報伝送ができることになる．

しかし，$R > C$ であれば，情報記号系列 a_i は Y_i が互いに重ならないような記号系列 x_i と1対1に対応付けることができず，nR の情報量の中で nC は送ることができるが $n(R - C)$ は送ることはできない． ■

例えば，情報を正確に送るために同じ情報を繰り返し送る場合を考えると，繰り返しの回数を増やせばそれだけ誤りの影響を少なくすることはできるが，反面，単位時間当たりの伝送情報量は減少することになる．

しかし，通信路符号化定理によれば，誤りの発生する通信路を通して正確な誤りのない情報伝送ができるし，しかもそのときの情報伝送速度を通信路容量まで高められる．なぜこのようなことができるのかといえば，誤りの発生はランダム現象であり，まったく予測のつかないものではあるが，ランダム現象といえども大数の法則には逆らえないから，記号系列の長さ n を限りなく大きくすれば受信記号系列の組 Y_i が互いに重ならないようにできるのである．

4·6 復 号 法

送信記号系列の長さを限りなく大きくしていけば，受信記号系列から送信記号系列を誤りなく決定できる符号化法が存在することを前節で示した．

しかし現実問題として，長さ無限大の記号系列を用いて情報伝送を行うことは不可能であるから，われわれは長さ有限の記号系列を使用せざるをえない．そうすると，ある受信記号系列を受信したとき，送信された可能性のある送信記号系列が複数個存在することになる．このとき，受信側では何らかの評価基準でもって，最も適当と思われる送信記号系列を決める必要がある．これを**復号**（decoding）と呼び，受信記号系列から送信記号系列への対応付けを**復号規則**という．

復号の際に誤りが起こるのは，復号規則で決められた以外の送信記号が送られていた場合である．ある y_j なる受信記号系列が受信されたとき，復号規則では送信記号系列 $x_{(y_j)}$ が送られたものと決められていたとする．したがって，

実際に送信記号系列 $x_{(y_j)}$ が送られ，かつ y_j なる受信記号系列が受信されれば復号誤りは起こらない．このような事象の起こる確率を $P(x_{(y_j)}, y_j)$ とおくと，誤った復号が行われる確率 P_E は

$$P_E = 1 - \sum_j P(x_{(y_j)}, y_j) = 1 - \sum_j P(y_j) P(x_{(y_j)}|y_j) \qquad (4 \cdot 30)$$

となる．したがって，復号規則としては各 y_j に対して P_E が最小になるように $x_{(y_j)}$ を決めればよい．また，P_E を最小にするには，y_j に対して $P(x_{(y_j)}|y_j)$ が最大の x_i を送信記号系列と決めればよい．これを**最大事後確率復号法**（maximum a posteriori probability decoding）という．

一方，式 $(4 \cdot 30)$ は

$$P_E = 1 - \sum_j P(x_{(y_j)}, y_j) = 1 - \sum_j P(x_{(y_j)}) \, P(y_j|x_{(y_j)}) \qquad (4 \cdot 31)$$

とも書ける．送信記号系列の生起確率がすべて等しいとすると，復号規則をどのように決めても $P(x_{(y_j)})$ は一定であるから，P_E を最小にするには，y_j に対して $P(y_j|x_{(y_j)})$ が最大の $x_{(y_j)}$ を送信記号系列と決めればよい．これを**最尤復号法**（maximum likelihood decoding）という．

【例題 4・5】 送信記号系列を x_1，x_2，受信記号系列を y_1，y_2，送信記号系列の生起確率をそれぞれ $P(x_1) = 0.3$，$P(x_2) = 0.7$ とする．通信路特性が

$$P(y_1|x_1) = 0.8, \quad P(y_2|x_1) = 0.2$$
$$P(y_1|x_2) = 0.4, \quad P(y_2|x_2) = 0.6$$

であるとき

(1) 最大事後確率復号規則を求めよ．また，そのときの復号誤り率を求めよ．

(2) 最尤復号規則を求めよ．また，そのときの復号誤り率を求めよ．

【解】

(1)
$$P(x_1|y_1) = \frac{P(x_1)P(y_1|x_1)}{P(y_1)} = \frac{P(x_1)P(y_1|x_1)}{P(x_1)P(y_1|x_1) + P(x_2)P(y_1|x_2)}$$
$$= \frac{0.3 \times 0.8}{0.3 \times 0.8 + 0.7 \times 0.4} = \frac{6}{13}$$

$$P(x_2|y_1) = \frac{P(x_2)P(y_1|x_2)}{P(y_1)} = \frac{7}{13}$$

$$P(x_1|y_2) = \frac{P(x_1)P(y_2|x_1)}{P(y_2)} = \frac{P(x_1)P(y_2|x_1)}{P(x_1)P(y_2|x_1) + P(x_2)P(y_2|x_2)}$$
$$= \frac{0.3 \times 0.2}{0.3 \times 0.2 + 0.7 \times 0.6} = \frac{1}{8}$$

$$P(x_2|y_2) = \frac{P(x_2)P(y_2|x_2)}{P(y_2)} = \frac{7}{8}$$

ここで，$P(x_1|y_1) < P(x_2|y_1)$ であるから，y_1 に対して x_2 と決める．$P(x_1|y_2) < P(x_2|y_2)$ であるから y_2 に対して x_2 と決める．

$$P_E = 1 - \{P(x_2, y_1) + P(x_2, y_2)\}$$
$$= 1 - P(x_2)P(y_1|x_2) - P(x_2)P(y_2|x_2)$$
$$= 1 - 0.7 \times 0.4 - 0.7 \times 0.6 = 0.30$$

(2) $P(y_1|x_1) > P(y_1|x_2)$ であるから，y_1 に対して x_1 と決める．また，$P(y_2|x_1) < P(y_2|x_2)$ であるから y_2 に対して x_2 と決める．

$$P_E = 1 - \{P(x_1, y_1) + P(x_2, y_2)\}$$
$$= 1 - P(x_1)P(y_1|x_1) - P(x_2)P(y_2|x_2)$$
$$= 1 - 0.3 \times 0.8 - 0.7 \times 0.6 = 0.34$$

　送信記号系列の生起確率がすべて等しい場合には，最尤復号法は最大事後確率復号法と同じになる．

　しかし，上記の例題のように送信記号系列の生起確率が異なる場合には，最大事後確率復号法の方が復号誤り率は小さい．

演 習 問 題

(4·1) **問図 4·1** に示すような 2 元通信路がある．送信記号 x_0，x_1 の生起確率がともに 0.5 であるとき，この通信路を通して送られる伝送情報量 J［ビット/記号］を求めよ．

(4·2) ビット誤り率が p の 2 元対称通信路を 2 段縦続接続したときの全体の通信路容量を求めよ．

問図 4·1

(4·3) 7 ビットの記号で表される符号語を伝送する通信路がある．この通信路は 1 符号語に対して，誤りを生じさせないかあるいは 1 ビットの誤りを生じさせるかのいずれかであり，それらの確率はいずれも 1/8 であるとする．この通信路の通信路容量 C［ビット/記号］を求めよ．

(4·4) ビット誤り率が 0.01 の 2 元対称通信路に，記号 0 と 1 を，毎秒 10^4 個の割合で等確率で独立に発生する情報源をつないだ．

このとき，情報伝送速度［ビット/秒］を求めよ．

(4·5) 送信記号を a_1, a_2, a_3，受信記号を b_1, b_2, b_3，送信記号の生起確率を $P(a_1) = 0.2$，$P(a_2) = 0.3$，$P(a_3) = 0.5$ とする．通信路行列 P_c が

$$P_c = \begin{array}{c} \\ a_1 \\ a_2 \\ a_3 \end{array} \begin{array}{ccc} b_1 & b_2 & b_3 \\ \left[\begin{array}{ccc} 0.5 & 0.3 & 0.2 \\ 0.2 & 0.5 & 0.3 \\ 0.3 & 0.3 & 0.4 \end{array}\right] \end{array}$$

で与えられる通信路を通して記号を伝送するとき，

(1) 最大事後確率復号規則を求めよ．また，そのときの復号誤り率を求めよ．

(2) 最尤復号規則を求めよ．また，そのときの復号誤り率を求めよ．

5 誤り訂正符号

通信路符号化定理によれば，通信路容量に限りなく近い伝送速度で，誤りのない情報伝送を行うことができる．しかし，そのためには無限に長い時間が必要であり，実際問題としてこのような情報伝送は無理である．そこで，実用的な範囲の符号長で多くの誤りを訂正できる符号の構成法を考えることが重要となり，現に十分優れた符号の構成法が考案され実用されている．

本章では，このような実際的な通信路符号化の方法—符号理論—について述べる．

5·1 誤り検出・訂正の基礎概念

通信路符号化の基本的な考え方は，前章の通信路符号化定理のところで述べたように，送信記号系列として記号系列すべてのパターンを使用するのではなく，一部のパターンのみを使用することにより，誤りによるあいまい性を少なくしようというものである．

通信路符号化の簡単な例として，**図 5·1** の符号化を考えよう．情報記号 0 と 1 に対して送信記号系列 (000) と (111) を割り当てる．すなわち，情報記号 0 を送りたいときには記号系列 (000) を送り，情報記号 1 を送りたいときには記号系列 (111) を送る．ここで，各送信記号系列を**符号語**（codeword），符号語の集合を**符号**（code）と呼ぶ．この場合，受信記号系列としては (000), (001), (010), (100), (110), (101), (011), (111) の 8 種類が考えられる．生じる誤りは 1 つであるとすると，(001), (010), (100) が受信されるのは (000) が送られたときであり，(111) が送られた場合には (001), (010), (100) が受信されることはない．

一方，(110), (101), (011) が受信されるのは (111) が送られたときであり，(000) が送られたときは (110), (101), (011) が受信されることはない．

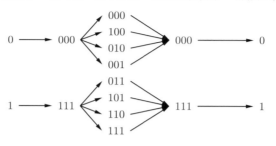

図 5·1 通信路符号化の例

したがって，図 5·1 に示すように，(000), (001), (010), (100) のいずれかを受信したときには (000)（すなわち情報記号 0）が送られたと判断し，(110), (101), (011), (111) のいずれかを受信したときには (111)（すなわち情報記号 1）が送られたと判断すれば，生じる誤りが 1 つまでの場合には送信記号系列，すなわち送信情報記号について正しい判断が行えることになる．もちろん，誤りが 2 個以上発生すれば送信情報記号を正しく判定できず，間違った情報記号に復元する．これを**復号誤り**（decoding error）と呼ぶ．

上の例では送りたい情報記号系列は長さが 1 であるにもかかわらず，長さ 3 の記号系列を送信に使用している．すなわち，2 記号分むだな送り方をしているわけである．しかしこのような冗長を付け加えることにより，誤りによるあいまい性を少なくしているわけである．

以上の例からわかるように，1 個の誤りが訂正できるための必要十分条件は，ある符号語に 1 個の誤りが生じてできる受信記号系列が，他の符号語に 1 個の誤りが生じてできる受信記号系列と等しくならないことである．このことを，記号系列間の距離の概念を用いて考えてみよう．

2 つの記号系列 $\boldsymbol{a} = (a_1, a_2, \cdots, a_n)$ と $\boldsymbol{b} = (b_1, b_2, \cdots, b_n)$ の対応する要素の異なっている位置の数を $\boldsymbol{a}$ と $\boldsymbol{b}$ の間の**ハミング距離**（Hamming distance）という．例えば，記号系列 $\boldsymbol{a} = (01010)$ と $\boldsymbol{b} = (11000)$ のハミング距離は 2 である．また，記号系列 $\boldsymbol{a} = (a_1, a_2, \cdots, a_n)$ の 0 でない要素の個数を**ハミング重み**

（Hamming weight）という．記号系列 $\boldsymbol{a}$ と $\boldsymbol{b}$ のハミング距離 $d_H(\boldsymbol{a}, \boldsymbol{b})$ は，記号系列 $\boldsymbol{x}$ のハミング重みを $w_H(\boldsymbol{x})$ として

$$d_H(\boldsymbol{a}, \boldsymbol{b}) = w_H(\boldsymbol{a} - \boldsymbol{b}) \tag{5.1}$$

と表せる．また，記号系列 $\boldsymbol{a}$ のハミング重みは，$\boldsymbol{0} = (0, 0, \cdots, 0)$ として

$$w_H(\boldsymbol{a}) = d_H(\boldsymbol{a}, \boldsymbol{0}) \tag{5.2}$$

と書ける．

送信記号系列（符号語）に 1 個の誤りが生じた受信記号系列と，元の送信記号系列とのハミング距離は明らかに 1 である．したがって，符号語 $\boldsymbol{u}_i$ に 1 個の誤りが生じた受信記号系列 $\boldsymbol{v}_i$ と，符号語 $\boldsymbol{u}_j$ に 1 個の誤りが生じた受信記号系列 $\boldsymbol{v}_j$ とが等しくならないためには，符号語 $\boldsymbol{u}_i$ と符号語 $\boldsymbol{u}_j$ とのハミング距離が 3 以上であることが必要十分である．上の例で示した，2 つの符号語 $\boldsymbol{u}_i = (000)$，$\boldsymbol{u}_j = (111)$ からなる符号では，符号語間のハミング距離が 3 であるから，各符号語に 1 個の誤りが生じた受信記号系列が等しくなることはなく，したがって 1 個の誤りを訂正することができる．

以上のことを一般化すると，図 5.2(a) に示すように，次のことがいえる．

送信記号系列（符号語）に t 個までの誤りが生じた受信記号系列と，元の送信記号系列とのハミング距離は高々 t であるから，符号語 $\boldsymbol{u}_i$ に t 個までの誤りが生じた受信記号系列 $\boldsymbol{v}_i$ と，符号語 $\boldsymbol{u}_j$ に t 個までの誤りが生じた受信記号系列 $\boldsymbol{v}_j$ とが等しくならないためには，符号語 $\boldsymbol{u}_i$ と符号語 $\boldsymbol{u}_j$ とのハミング距離が $2t + 1$ 以上であることが必要十分である．

このことより，符号の誤り訂正能力と符号語間のハミング距離に関して，次の定理が成り立つ．

定理 5.1　符号が t 個までの誤りを訂正できるための必要十分条件は，どの 2 つの符号語間のハミング距離も $2t + 1$ 以上であることである．

また，誤りを検出するだけなら，符号語以外の記号系列が受信されれば誤りが生じていることがわかるから，図 5.2(b) に示すように，次の定理が成り立つ．

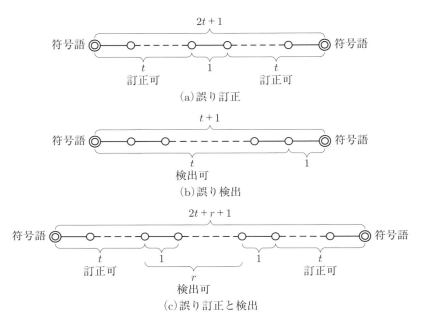

図 5·2 ハミング距離と訂正能力の関係

> **定理 5·2** 符号が t 個までの誤りを検出できるための必要十分条件は，どの 2 つの符号語間のハミング距離も $t+1$ 以上であることである．

さらに，図 5·2(c) に示すように，一部の誤りを訂正し，それ以外の誤りを検出する場合には，次の定理が成り立つ．

> **定理 5·3** 符号が t 個までの誤りを訂正し，かつ $t+1$ 個以上 $t+r$ ($r \geq 1$) 個以下の誤りを検出できるための必要十分条件は，どの 2 つの符号語間のハミング距離も $2t+r+1$ 以上であることである．

【例題 5·1】 どの 2 つの符号語間のハミング距離も 7 以上である符号の誤り訂正ならびに検出能力について述べよ．

5·2 2元線形符号 | 71

【解】 定理5·1〜5·3より，符号の誤り訂正ならびに
検出能力は**表5·1**のようになる．

表 5·1 誤り訂正と検出能力

訂正個数	検出個数
0	1〜6
1	2〜5
2	3〜4
3	0

5·2 2元線形符号

本節では，冗長を付加して誤りによるあいまい性を少なくするための，組織
的な符号化法について述べる．以下では，記号系列は0と1の2元からなるも
のとする．

5·2·1 単一パリティ検査符号

長さ k の**情報記号**（information symbol）の系列を

$$\boldsymbol{x} = (x_1, x_2, \cdots, x_k) \tag{5·3}$$

とする．情報記号系列の長さ k を**情報記号数**という．この情報記号系列に1個
の余分な記号 c を付け加えて，長さ $n = k+1$ の符号語

$$\boldsymbol{u} = (x_1, x_2, \cdots, x_k, c) \tag{5·4}$$

をつくる．符号語の長さを**符号長**と呼ぶ．記号 c は符号語内の記号1の個数が
偶数になるように決める．これを，2を法とする演算（2で割った余りを求める
演算）で表せば

$$c = x_1 + x_2 + \cdots + x_k \tag{5·5}$$

と書ける．ここで，加法 + は

$$\left.\begin{array}{ll} 0 + 0 = 0, & 0 + 1 = 1 \\ 1 + 0 = 1, & 1 + 1 = 0 \end{array}\right\} \tag{5·6}$$

である．この演算は**排他的論理和**（exclusive OR）の演算でもある．以下では，加法 + は，上の 2 を法とする演算を表すものとする．

　記号 1 の個数が偶数であるか奇数であるかを**パリティ**（parity）といい，記号 c はこれ自身情報を担っていなくて，パリティを検査するために余分に付加された記号であり，**パリティ検査記号**（parity check symbol）あるいは簡単に**検査記号**という．式 (5·4) の符号は，パリティを検査する記号が 1 つであるから，**単一パリティ検査符号**と呼ばれる．

　いま，符号語 u に誤りが生じて，符号語内に含まれる記号 1 の個数が奇数になったとすると，受信側では，符号語として使われるはずのないパターンを受信したわけであるから，送信された符号語に誤りが生じていることがわかる．誤りが 1 つであれば，必ず誤りが生じていることがわかるから，このような符号を**単一誤り検出符号**ともいう．単一パリティ検査符号の符号語間のハミング距離は 2 以上であるから，定理 5·2 より，この符号は 1 個の誤りを検出する能力をもっていることになる．

　例えば，長さ 7 の情報記号系列 (0110010) を単一パリティ検査符号で符号化すると，符号語は (01100101) となる．最後のビット 1 が検査記号である．

　単一パリティ検査符号の 2 つの符号語

$$u_1 = (x_{11}, x_{12}, \cdots, x_{1k}, c_1), \quad u_2 = (x_{21}, x_{22}, \cdots, x_{2k}, c_2)$$

の和

$$u_1 + u_2 = (x_{11} + x_{21}, x_{12} + x_{22}, \cdots, x_{1k} + x_{2k}, c_1 + c_2)$$

は明らかに符号語である．このように，任意の 2 つの符号語の和がやはり符号語となる符号を**線形符号**（linear code）と呼ぶ．

5·2·2　ハミング符号

　単一パリティ検査符号では，情報記号すべてについてのパリティ検査を行った．そのため，その符号は単一の誤りを検出するだけであった．しかし，いくつかの情報記号の組合せについてパリティ検査を行い，それらの検査記号を利

用して符号に誤り訂正能力をもたせることができる.

いま，長さ 4 の情報記号系列

$$\boldsymbol{x} = (x_1, x_2, x_3, x_4) \tag{5.7}$$

に対して，3 個のパリティ検査記号 c_1, c_2, c_3 を次のように求める.

$$\left.\begin{array}{l} c_1 = x_1 + x_2 + x_3 \\ c_2 = x_1 + x_2 + x_4 \\ c_3 = x_1 + x_3 + x_4 \end{array}\right\} \tag{5.8}$$

これら 3 個の検査記号を情報記号系列に付加して，長さ 7 の符号語

$$\boldsymbol{u} = (x_1, x_2, x_3, x_4, c_1, c_2, c_3) \tag{5.9}$$

をつくる.この符号は考案者の名をとって**ハミング符号**（Hamming code）と呼ばれる.情報記号数は 4 であるから，符号語の数は $2^4 = 16$ である.

表 5·2 に 16 個の符号語を示す.表 5·2 よりわかるように，どの 2 つの符号語間のハミング距離も 3 以上であるから，ハミング符号は 1 個の誤りを訂正する能力をもっている.

別の視点から，ハミング符号が 1 個の誤りを訂正できることを以下に示そう.

式 (5·9) の符号語 $\boldsymbol{u}$ について

$$\left.\begin{array}{l} s_1 = x_1 + x_2 + x_3 + c_1 \\ s_2 = x_1 + x_2 + x_4 + c_2 \\ s_3 = x_1 + x_3 + x_4 + c_3 \end{array}\right\} \tag{5.10}$$

表 5·2 ハミング符号の符号語

0	0	0	0	0	0	0
1	0	0	0	1	1	1
0	1	0	0	1	1	0
1	1	0	0	0	0	1
0	0	1	0	1	0	1
1	0	1	0	0	1	0
0	1	1	0	0	1	1
1	1	1	0	1	0	0
0	0	0	1	0	1	1
1	0	0	1	1	0	0
0	1	0	1	1	0	1
1	1	0	1	0	1	0
0	0	1	1	1	1	0
1	0	1	1	0	0	1
0	1	1	1	0	0	0
1	1	1	1	1	1	1

を計算すると，明らかに $s_1 = s_2 = s_3 = 0$ である.

いま，記号 x_1 に誤りが生じたとする.受信された記号 x_1 は

$$x_1' = x_1 + 1 \tag{5.11}$$

と表されるから，受信語

$$\boldsymbol{v} = (x_1', x_2, x_3, x_4, c_1, c_2, c_3) \tag{5・12}$$

について式 (5・10) を計算すると

$$\left.\begin{array}{l} s_1 = x_1' + x_2 + x_3 + c_1 = x_1 + 1 + x_2 + x_3 + c_1 = 1 \\ s_2 = x_1' + x_2 + x_4 + c_2 = x_1 + 1 + x_2 + x_4 + c_2 = 1 \\ s_3 = x_1' + x_3 + x_4 + c_3 = x_1 + 1 + x_3 + x_4 + c_3 = 1 \end{array}\right\} \tag{5・13}$$

となる．同様に，誤りがそれぞれ x_2, x_3, x_4, c_1, c_2, c_3 に生じたときの s_1, s_2, s_3 を計算すると**表 5・3** のようになる．表 5・3 から，誤りの発生位置と s_1, s_2, s_3 の組とは 1 対 1 に対応していることがわかる．

このことより，受信側で受信語について式 (5・10) により s_1, s_2, s_3 を求めれば，表 5・3 から誤りの発生位置がわかり，誤りが訂正できることになる．

このような，誤りの発生位置と 1 対 1 に対応している s_1, s_2, s_3 の組を**シンドローム**（syndrome）と呼ぶ．

表 5・3　誤り位置とシンドローム

誤り位置	s_1	s_2	s_3
誤りなし	0	0	0
x_1	1	1	1
x_2	1	1	0
x_3	1	0	1
x_4	0	1	1
c_1	1	0	0
c_2	0	1	0
c_3	0	0	1

5・2・3　一般の線形符号

まず，式 (5・9) のハミング符号について行列による表現を考えてみよう．

式 (5・7)〜(5・9) を行列で表すと

$$G = \begin{bmatrix} 1 & 0 & 0 & 0 & 1 & 1 & 1 \\ 0 & 1 & 0 & 0 & 1 & 1 & 0 \\ 0 & 0 & 1 & 0 & 1 & 0 & 1 \\ 0 & 0 & 0 & 1 & 0 & 1 & 1 \end{bmatrix} \tag{5・14}$$

として

$$\boldsymbol{u} = \boldsymbol{x}G \tag{5・15}$$

と書ける．行列 G は，情報記号系列 $\boldsymbol{x}$ が与えられたとき，それと掛けることにより符号語 $\boldsymbol{u}$ を生成できるから，**生成行列**（generator matrix）と呼ばれる．

一方，式 (5·10) の関係式を行列で表すと

$$H = \begin{bmatrix} 1 & 1 & 1 & 0 & 1 & 0 & 0 \\ 1 & 1 & 0 & 1 & 0 & 1 & 0 \\ 1 & 0 & 1 & 1 & 0 & 0 & 1 \end{bmatrix} \tag{5·16}$$

として

$$\boldsymbol{u}H^T = \boldsymbol{0} \tag{5·17}$$

と書ける．ここで，記号 T は行列の転置を表し，$\boldsymbol{0}$ は要素がすべて 0 のベクトルを表す．また，受信語 $\boldsymbol{v}$ に対するシンドローム $\boldsymbol{s} = (s_1, s_2, s_3)$ は

$$\boldsymbol{s} = \boldsymbol{v}H^T \tag{5·18}$$

と書ける．このように，行列 H は情報記号についてのパリティ検査の組合せを表しており，**パリティ検査行列**（parity check matrix）と呼ばれる．

一般に，長さ k の情報記号系列を

$$\boldsymbol{x} = (x_1, x_2, \cdots, x_k) \tag{5·19}$$

とし，それからつくられる長さ n の符号語を

$$\begin{aligned} \boldsymbol{u} &= (x_1, x_2, \cdots, x_k, c_1, c_2, \cdots, c_{n-k}) \\ &= (x_1, x_2, \cdots, x_k, x_{k+1}, \cdots, x_n) \end{aligned} \tag{5·20}$$

とする．このように，符号語の前半 k 個が情報記号で，後半 $n-k$ 個が検査記号と，情報記号部分と検査記号部分が明確に分かれているような符号を**組織符号**（systematic code）と呼び，(n, k) 符号と書く．また，情報記号数 k の符号長 n に対する比の値，k/n を**符号化率**（code rate）と呼ぶ．

符号語 $\boldsymbol{u}$ の生成行列 G は

$$G = \begin{bmatrix} 1 & 0 & \cdots & 0 & h_{11} & h_{21} & \cdots & h_{m1} \\ 0 & 1 & \cdots & 0 & h_{12} & h_{22} & \cdots & h_{m2} \\ \multicolumn{8}{c}{\dotfill} \\ 0 & 0 & \cdots & 1 & h_{1k} & h_{2k} & \cdots & h_{mk} \end{bmatrix} \tag{5·21}$$

の形で表される．ここに，$m = n - k$である．Gはk行n列であり，左側k列が単位行列になっている．

$$c_i = x_1 h_{i1} + x_2 h_{i2} + \cdots + x_k h_{ik} \quad (i = 1, 2, \cdots, n - k) \tag{5·22}$$

であるから，符号語$\boldsymbol{u}$のパリティ検査行列Hは

$$H = \begin{bmatrix} h_{11} & h_{12} & \cdots & h_{1k} & 1 & 0 & \cdots & 0 \\ h_{21} & h_{22} & \cdots & h_{2k} & 0 & 1 & \cdots & 0 \\ \multicolumn{8}{c}{\cdots\cdots\cdots\cdots\cdots\cdots\cdots\cdots\cdots\cdots\cdots\cdots\cdots} \\ h_{m1} & h_{m2} & \cdots & h_{mk} & 0 & 0 & \cdots & 1 \end{bmatrix} \tag{5·23}$$

と表される．Hは$n - k$行n列であり，右側$n - k$列が単位行列になっている．

シンドロームを$\boldsymbol{s} = (s_1, s_2, \cdots, s_m)$とすると

$$\boldsymbol{s} = \boldsymbol{v} H^T \tag{5·24}$$

である．受信語$\boldsymbol{v}$は誤りパターン（誤りの生じた位置に対応する要素が1で，他の要素が0のベクトル）を$\boldsymbol{e}$として

$$\boldsymbol{v} = \boldsymbol{u} + \boldsymbol{e} \tag{5·25}$$

と表されるから，式 (5·24) は

$$\boldsymbol{s} = \boldsymbol{v} H^T = (\boldsymbol{u} + \boldsymbol{e}) H^T = \boldsymbol{u} H^T + \boldsymbol{e} H^T = \boldsymbol{e} H^T \tag{5·26}$$

となり，シンドローム$\boldsymbol{s}$は符号語$\boldsymbol{u}$に関係なく，誤りパターンだけで決まることがわかる．したがって，シンドローム$\boldsymbol{s}$と誤りパターン$\boldsymbol{e}$が1対1に対応するようにパリティ検査行列Hを選べば，式 (5·15) あるいは式 (5·17) を満たす符号はシンドロームに対応する誤りを訂正することができる．

符号がt個以下の誤りを訂正できるためには，ハミング重みがt以下の誤りパターン（$t = 0$の場合も含む）に対応するシンドロームがすべて異なればよい．すなわち，ハミング重みがt以下の任意の異なる2つの誤りパターンを$\boldsymbol{e}_1, \boldsymbol{e}_2$とするとき

$$\boldsymbol{e}_1 H^T \neq \boldsymbol{e}_2 H^T \tag{5·27}$$

であればよい. 式 (5·27) は

$$(\boldsymbol{e}_1 + \boldsymbol{e}_2)H^T \neq \boldsymbol{0} \qquad\qquad (5\cdot28)$$

と書け, $(\boldsymbol{e}_1 + \boldsymbol{e}_2)$ のハミング重みは $2t$ 以下であるから, 式 (5·28) の条件は次の定理としてまとめることができる.

> **定理** **5·4** 符号が t 個以下の誤りを訂正できるための必要十分条件は, パリティ検査行列 H のどの $2t$ 列以下の和も $\boldsymbol{0}$ にならないことである.

定理 5·4 を満たすパリティ検査行列 H を見つければ, 符号が構成できることになる. ハミング $(7, 4)$ 符号では, パリティ検査行列 H の各列は $\boldsymbol{0}$ でなく, かつすべて異なるから, どの 2 列以下の和も $\boldsymbol{0}$ にならず, したがって, 1 個の誤りを訂正できることになる.

このことより, どの列も $\boldsymbol{0}$ でなく, かつすべて異なるようにパリティ検査行列 H をつくれば, その符号は 1 個の誤りを訂正できる. すなわち, m 行 n 列のパリティ検査行列 H において, $\boldsymbol{0}$ 以外の長さ m の列ベクトルは $2^m - 1$ 種類選べるから, $n \leqq 2^m - 1$ なる n に対して単一誤り訂正 $(n, n - m)$ 符号をつくることができる.

5·2·4 符号語数の限界式

符号長 n と訂正能力 t が与えられたとき, できるだけ多くの符号語が選べる符号が, 「優れている符号」ということになる. いいかえれば, 訂正能力 t と情報記号数 k が与えられたとき, 検査記号数が少ない符号が, 「優れた符号」ということになる.

そこで, 符号長 n と訂正能力 t が与えられたときの符号語数の上限を求めてみよう. ある 1 つの長さ n の符号語に対し, その符号語と i 箇所で異なっている長さ n の記号系列の総数は ${}_nC_i$ である. したがって, ある 1 つの符号語からハミング距離が t 以内にある長さ n の記号系列の総数は, その符号語自身も含めて

$$N = \sum_{i=0}^{t} {}_nC_i \tag{5・29}$$

である．ここで，符号が t 個の誤りを訂正できるためには，ある 1 つの符号語からハミング距離が t 以内にある記号系列が，他の符号語からハミング距離が t 以内にある記号系列に等しくならないことが必要であり，長さ n の記号系列の総数は 2^n であるから，つくりうる符号語の総数 M は

$$M \leqq 2^n / \sum_{i=0}^{t} {}_nC_i \tag{5・30}$$

でなければならない．この式を**ハミングの限界式**（Hamming bound）という．式 (5・30) の等号を満たす符号を**完全符号**（perfect code）と呼ぶ．

ハミングの限界式は，符号語数に関する必要条件であり，式 (5・30) を満たす符号がつくれることを保証するものではない．いいかえれば，符号語数 M が式 (5・30) 右辺の値より大きな符号は絶対つくれないという限界式である．なお，式 (5・30) の導出からわかるように，この限界式は線形符号，非線形符号を問わず，すべての符号に対して適用される限界式である．

【例題 5・2】 符号長 $n = 2^m - 1$，検査記号数 m の単一誤り訂正符号は，完全符号であることを示せ．

【解】 $t = 1$ であるから，式 (5・30) の右辺は

$$2^n / \sum_{i=0}^{t} {}_nC_i = 2^n / (1 + n) = 2^n / 2^m = 2^{n-m} \tag{5・31}$$

となる．一方，情報記号数は $n - m$ であるから，符号語数は 2^{n-m} であり，式 (2・31) に一致する．したがって，この符号は完全符号である．

完全符号には，例題 5・2 の符号以外に，Golay 符号と呼ばれる $t = 3$ の $(23, 12)$ 符号がある．2 元符号ではこれら以外に完全符号は存在しないことが証明されている．

5·3 巡 回 符 号

　線形符号の中の特別な符号として，巡回符号と呼ばれる符号がある．

　巡回符号は，その構造が代数学に基づいて記述されるため，数多くの研究がなされてきた．また，この符号のもつ巡回性を利用して，符号化やシンドローム計算などがシフトレジスタ回路で容易に実現できる．したがって，実用されている符号のほとんどは巡回符号である．

5·3·1　巡回符号の定義

　符号長 n の線形符号 C の任意の符号語を

$$\boldsymbol{u} = (u_0, u_1, u_2, \cdots, u_{n-1}) \tag{5·32}$$

とする．この符号語 $\boldsymbol{u}$ を**巡回置換**（cyclic shift）してできる記号系列

$$\boldsymbol{u}' = (u_{n-1}, u_0, u_1, \cdots, u_{n-2}) \tag{5·33}$$

がやはり線形符号 C の符号語であるとき，線形符号 C を**巡回符号**（cyclic code）と呼ぶ．

　いままでは符号語をベクトルの形で表してきたが，巡回符号の場合は，次に示す**多項式表現**が便利である．

　式 (5·32) で表される符号語 $\boldsymbol{u}$ を多項式の形で

$$u(x) = u_0 + u_1 x + u_2 x^2 + \cdots + u_{n-1} x^{n-1} \tag{5·34}$$

と表す．ここで，変数 x^i は単に記号 u_i の位置を示すだけである．このように，多項式表現を用いると，長さ n の記号系列は $n-1$ 次以下の多項式として表される．符号語に対応する多項式を特に**符号多項式**という．

　式 (5·34) の $u(x)$ に x を掛けると

$$xu(x) = u_0 x + u_1 x^2 + u_2 x^3 + \cdots + u_{n-2} x^{n-1} + u_{n-1} x^n$$
$$= u_{n-1} + u_0 x + u_1 x^2 + u_2 x^3 + \cdots + u_{n-2} x^{n-1} + u_{n-1}(x^n - 1)$$
$$(5 \cdot 35)$$

となり，この多項式を $(x^n - 1)$ で割った余りは

$$u'(x) = u_{n-1} + u_0 x + u_1 x^2 + u_2 x^3 + \cdots + u_{n-2} x^{n-1} \qquad (5 \cdot 36)$$

となる．すなわち，$u'(x)$ は式 (5·33) の記号系列を多項式表現したものになる．このように，記号系列の多項式表現に x を掛け，それを $(x^n - 1)$ で割った余りは元の記号系列の巡回置換の多項式表現となる．これを式で表せば

$$u'(x) \equiv xu(x) \mod (x^n - 1) \qquad (5 \cdot 37)$$

と書ける．ここに，数式 $a \equiv b \mod m$ は，a, b をそれぞれ m で割った余りが等しいことを表す．

5·3·2　巡回符号の生成多項式

ここで，巡回符号の構造について考えてみよう．次数 $n - 1$ 以下の巡回符号多項式を $u(x)$ とすると，任意の i に対して $x^i u(x) \mod (x^n - 1)$ も符号多項式であり，このような符号多項式の線形結合もまた符号多項式であるから

$$w(x) \equiv (a_0 + a_1 x + \cdots + a_h x^h)u(x) \equiv a(x)u(x) \mod (x^n - 1)$$
$$(5 \cdot 38)$$

は符号多項式である．いま，巡回符号の中の全零符号語以外の最小次数の多項式を選び，これを $g(x)$ とおこう．任意の符号多項式 $u(x)$ を $g(x)$ で割った商を $q(x)$，余りを $r(x)$ とおくと

$$u(x) = q(x)\, g(x) + r(x) \qquad (5 \cdot 39)$$

と書ける．$u(x), q(x)\, g(x)$ はともに符号多項式であるから，これらの差である

$r(x)$ も符号多項式でなければならない．ところが，$r(x)$ の次数は $g(x)$ の次数より小さく，一方 $g(x)$ は巡回符号の中の，全零符号語以外の最小次数の多項式であるから，結局 $r(x) = 0$ である．したがって，任意の符号多項式 $u(x)$ は

$$u(x) = q(x)\,g(x) \tag{5.40}$$

と書けるので，任意の符号多項式は $g(x)$ に適当な多項式を乗ずることにより得られることがわかる．

また，式 (5.35)，(5.36) より，$xu(x) = u'(x) + u_{n-1}(x^n - 1)$ と書けるが，$u(x)$，$u'(x)$ はともに $g(x)$ で割り切れるから $(x^n - 1)$ も $g(x)$ で割り切れなければならない．

この多項式 $g(x)$ を **生成多項式**（generator polynomial）と呼ぶ．$g(x)$ の次数を m とすると，$q(x)$ の次数は $n - m - 1$ 以下であり，$q(x)$ の個数だけ符号語が存在するから，符号語数は 2^{n-m} で，情報記号数は $n - m$ である．すなわち，$q(x)$ は情報記号を表す多項式（**情報多項式**）と考えることができる．

逆に，$x^n - 1$ を割り切る次数 m の多項式 $g(x)$ を選ぶと，この多項式 $g(x)$ により生成される長さ n の巡回符号がただ 1 つ定まることになる．

【例題 5.3】　生成多項式が $g(x) = x^3 + x + 1$ で，長さが 7 の巡回符号の符号語をすべて求めよ．

【解】　符号多項式 $u(x)$ は

$$u(x) = q(x)\,g(x) = (q_0 + q_1 x + q_2 x^2 + q_3 x^3)(x^3 + x + 1)$$

と表され，$q(x)$ の 4 つの係数 q_0, q_1, q_2, q_3 の選び方は $2^4 = 16$ 通りある．この 16 通りのおのおのに対して $u(x)$ を計算すると，**表 5.4** の符号語が得られる．なお，多項式の乗算における係数の演算は 2 を法とする演算である．表 5.4 より，この符号が巡回符号であることが容易に確かめられる．

表 5·4　巡回符号の符号語

$(q_0\ q_1\ q_2\ q_3)$	$u(x)$	u
0 0 0 0	0	0 0 0 0 0 0 0
1 0 0 0	$1 + x\ + x^3$	1 1 0 1 0 0 0
0 1 0 0	$x + x^2\ + x^4$	0 1 1 0 1 0 0
1 1 0 0	$1\ + x^2 + x^3 + x^4$	1 0 1 1 1 0 0
0 0 1 0	$x^2 + x^3\ + x^5$	0 0 1 1 0 1 0
1 0 1 0	$1 + x + x^2\ + x^5$	1 1 1 0 0 1 0
0 1 1 0	$x\ + x^3 + x^4 + x^5$	0 1 0 1 1 1 0
1 1 1 0	$1\ + x^4 + x^5$	1 0 0 0 1 1 0
0 0 0 1	$x^3 + x^4\ + x^6$	0 0 0 1 1 0 1
1 0 0 1	$1 + x\ + x^4\ + x^6$	1 1 0 0 1 0 1
0 1 0 1	$x + x^2 + x^3\ + x^6$	0 1 1 1 0 0 1
1 1 0 1	$1\ + x^2\ + x^6$	1 0 1 0 0 0 1
0 0 1 1	$x^2\ + x^4 + x^5 + x^6$	0 0 1 0 1 1 1
1 0 1 1	$1 + x + x^2 + x^3 + x^4 + x^5 + x^6$	1 1 1 1 1 1 1
0 1 1 1	$x\ + x^5 + x^6$	0 1 0 0 0 1 1
1 1 1 1	$1\ + x^3\ + x^5 + x^6$	1 0 0 1 0 1 1

5·3·3　巡回符号の構成法

　例題 5·3 に示したように，生成多項式が与えられると，それに情報多項式を乗ずることにより符号語が得られるが，これら符号語の中にはそれに対応する情報記号系列のパターンが現れない．

　しかし，実用的には，符号語のパターンの中に情報記号系列のパターンが現れる構造のほうが使いやすい．このような，符号語のパターンの中に情報記号系列のパターンが現れるような符号多項式は，以下のようにしてつくることができる．

　長さ k の情報記号系列 $(a_0, a_1, a_2, \cdots, a_{k-1})$ を，次数 $k-1$ 以下の情報多項式 $p(x) = a_0 + a_1 x + \cdots + a_{k-1} x^{k-1}$ で表す．$p(x)$ に x^{n-k} を掛けて $x^{n-k} p(x) = a_0 x^{n-k} + a_1 x^{n-k+1} + \cdots + a_{k-1} x^{n-1}$ をつくり，それを次数 $n-k$ の生成多項式 $g(x)$ で割り，余り $r(x) = c_0 + c_1 x + \cdots + c_{n-k-1} x^{n-k-1}$ を求める．

　ここで，$x^{n-k} p(x)$ と $r(x)$ を加えたものを符号多項式 $u(x)$ とする．すなわち

5.3 巡回符号　　83

$$u(x) = x^{n-k}p(x) + r(x)$$
$$= c_0 + c_1 x + \cdots + c_{n-k-1} x^{n-k-1}$$
$$+ a_0 x^{n-k} + a_1 x^{n-k+1} + \cdots + a_{k-1} x^{n-1} \tag{5.41}$$

である．明らかに，$u(x)$ は $g(x)$ で割り切れるから符号多項式である．また，符号語 $\boldsymbol{u}$ は

$$\boldsymbol{u} = (c_0, c_1, \cdots, c_{n-k-1}, a_0, a_1, \cdots, a_{k-1}) \tag{5.42}$$

であり，右側に k 個の情報記号が並ぶ．左側の $n-k$ 個の記号は検査記号である．

　このように，符号語の中で情報記号部と検査記号部が分かれている符号を，**組織符号**（systematic code）という．

【**例題 5.4**】　情報記号系列 (1011) を生成多項式 $g(x) = x^3 + x + 1$ で符号化し，長さが 7 の巡回組織符号語を求めよ．

【**解**】　$p(x) = 1 + x^2 + x^3$ であるから，
$x^3 p(x) = x^3 + x^5 + x^6$ を $g(x)$ で割ると，右の演算より

$$r(x) = 1$$

となる．

　したがって，

$$u(x) = 1 + x^3 + x^5 + x^6$$

で，符号語は (1001011) である．

5·3·4 巡回符号のシンドローム

巡回符号語 u に誤り e が生じて受信語 v が受信されたとする．これらの関係はベクトル記号で

$$v = u + e \tag{5·43}$$

と表される．これら $v,\ u,\ e$ をそれぞれ多項式表現したものを $v(x),\ u(x),\ e(x)$ とおくと明らかに

$$v(x) = u(x) + e(x) \tag{5·44}$$

が成り立つ．巡回符号の符号多項式 $u(x)$ は生成多項式 $g(x)$ で割り切れるから，受信語 $v(x)$ を $g(x)$ で割った余り $s(x)$ は，誤り多項式 $e(x)$ を $g(x)$ で割った余りに等しくなる．したがって，誤り多項式 $e(x)$ を $g(x)$ で割った余り $s(x)$ と誤り多項式 $e(x)$ が 1 対 1 に対応していれば，$v(x)$ を $g(x)$ で割った余りから誤り多項式 $e(x)$ を知ることができる．

$v(x)$ を $g(x)$ で割った余り $s(x)$ は符号多項式 $u(x)$ に関係なく誤り多項式 $e(x)$ だけで決まり，これを巡回符号の**シンドローム**という．

【**例題 5·5**】 生成多項式 $g(x) = x^3 + x + 1$ で生成される長さ 7 の巡回符号は，1 個の誤りを訂正できることを示せ．

【**解**】 誤り多項式とシンドロームが 1 対 1 に対応することを示す．1 個の誤りを表す誤り多項式 $e(x)$ は 7 種類あり，それらを $g(x)$ で割った余り $s(x)$（シンドローム）を計算すると**表5·5**のようになる．表 5·5 より誤り多項式とシンドロームが 1 対 1 に対応していることがわかる．もちろん誤りがなければ，シンドロームは 0 である．

表 5·5 誤り位置とシンドローム

$e(x)$	$s(x)$
1	1
x	x
x^2	x^2
x^3	$1 + x$
x^4	$x + x^2$
x^5	$1 + x + x^2$
x^6	$1 \quad + x^2$

例題 5·5 の巡回符号は，情報記号数が 4 であり，5·2·2 項（72 ページ）で述べたハミング符号と符号長，情報記号数，訂正能力が同じであることから，**巡回ハミング符号**（cyclic Hamming code）と呼ばれる．

5.3.5 多項式の割り算回路

巡回符号の符号化およびシンドロームの計算は，シフトレジスタを用いた多項式の割り算回路で容易に実現できる．多項式の割り算回路は，図 5.3 に示す mod 2 の加算器とシフトレジスタにより構成される．シフトレジスタは，0 または 1 の状態を記憶し，外部からのクロックパルスに同期してその記憶内容を出力する遅延素子である．$g(x) = x^3 + x + 1$ による割り算回路の例を図 5.4

図 5.3　割り算回路の構成要素

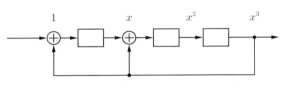

図 5.4　$g(x) = x^3 + x + 1$ による割り算回路

に示す．ここで，x^3 の項に対応する位置からのフィードバック結線が x と 1 の項に対応する位置につながっていることに注意しよう．

以下では，$f(x) = x^4 + x$ を $g(x)$ で割る場合について説明する．まず，シフトレジスタの内容をすべて 0 にする．次に，$f(x)$ の係数が高次の順にクロックパルスに同期して入力される．この割り算回路の動作を表 5.6 に示す．クロックパルスに同期して 1, 0, 0, 1, 0 の順に $f(x)$ の係数が入力されると同時にシフトレジスタの内容が右にシフトされ，そのつ

表 5.6　割り算回路（図 5.4）の動作

クロック	入力	シフトレジスタの内容			出力
1	1	1	0	0	0
2	0	0	1	0	0
3	0	0	0	1	0
4	1	0	1	0	1
5	0	0	0	1	0

どシフトレジスタの内容が書き換えられていく．$f(x)$ の定数項が入力された時点で割り算が終了し，そのときの出力が $f(x)$ を $g(x)$ で割った商で，シフトレジスタの内容が余りである．すなわち，商が x（出力 00010）で余りが x^2（シフトレジスタの内部状態 001）である．

巡回ハミング符号の符号化回路

図 5·4 の割り算回路を用いて，巡回ハミング符号の符号化回路を**図 5·5** のように構成することができる．まず，シフトレジスタの内容をすべて

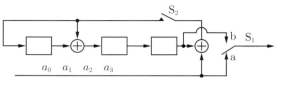

図 5·5 巡回ハミング符号の符号化回路

0 にする．次に，スイッチ S_1 を a 側に倒し，スイッチ S_2 を閉じて，情報記号 $(p(x) = a_0 + a_1 x + a_2 x^2 + a_3 x^3)$ を a_3, a_2, a_1, a_0 の順にクロックパルスに同期させて入力する．a_0 が入力された時点でスイッチ S_1 を b 側に倒し，スイッチ S_2 を開放して，シフトレジスタの内容を出力する．最初の 4 単位時間で，4 個の情報記号をそのまま出力すると同時に $x^3 p(x)$ を $g(x)$ で割った余りを計算し，後の 3 単位時間でその余り（検査記号）を出力するわけである．この符号化回路の動作を**表 5·7** に示す．

表 5·7 符号化回路（図 5·5）の動作

クロック	入力	シフトレジスタの内容			出力	スイッチ
1	a_3	a_3	a_3	0	a_3	
2	a_2	a_2	$a_2 + a_3$	a_3	a_2	S_1：a 側
3	a_1	$a_1 + a_3$	$a_1 + a_2 + a_3$	$a_2 + a_3$	a_1	S_2：閉
4	a_0	$a_0 + a_2 + a_3$	$a_0 + a_1 + a_2$	$a_1 + a_2 + a_3$	a_0	
5	0	0	$a_0 + a_2 + a_3$	$a_0 + a_1 + a_2$	$a_1 + a_2 + a_3$	S_1：b 側
6	0	0	0	$a_0 + a_2 + a_3$	$a_0 + a_1 + a_2$	S_2：開
7	0	0	0	0	$a_0 + a_2 + a_3$	

$$
\begin{array}{r}
a_3 x^3 + a_2 x^2 + (a_1+a_3)x\ +(a_0+a_2+a_3) \\
x^3+x+1 \overline{) a_3 x^6 + a_2 x^5 + a_1 x^4 + a_0 x^3 } \\
\underline{a_3 x^6 + a_3 x^4 + a_3 x^3 } \\
a_2 x^5 + (a_1+a_3) x^4 + (a_0+a_3) x^3 \\
\underline{a_2 x^5 + a_2 x^3 + a_2 x^2 } \\
(a_1+a_3) x^4 + (a_0+a_2+a_3) x^3 + a_2 x^2 \\
\underline{(a_1+a_3) x^4 + (a_1+a_3) x^2 + (a_1+a_3)x } \\
(a_0+a_2+a_3) x^3 + (a_1+a_2+a_3) x^2 + (a_1+a_3)x \\
\underline{(a_0+a_2+a_3) x^3 + (a_0+a_2+a_3)x + (a_0+a_2+a_3)} \\
(a_1+a_2+a_3) x^2 + (a_0+a_1+a_2) x + (a_0+a_2+a_3)
\end{array}
$$

巡回ハミング符号の復号回路

符号化回路と同様に図 5·4 の割り算回路を用いて，巡回ハミング符号の復号回路を**図 5·6** のように構成することができる．

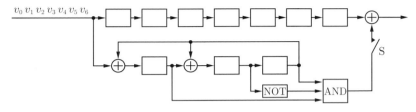

図 5·6 巡回ハミング符号の復号回路

まず，スイッチ S を開放しておき，シフトレジスタの内容をすべて 0 にする．そして，受信語 $v(x)$ を割り算回路に入力し，$g(x)$ で割った余り，すなわちシンドローム $s(x)$ を求める．$v(x)$ の係数が v_6 から v_0 まで入力された時点で，割り算回路のシフトレジスタの内容がシンドロームを表している．このとき，受信語 $v(x)$ は 7 個のシフトレジスタに保存されている．

次に，スイッチ S を閉じて，クロックパルスに同期させて各シフトレジスタの内容を右に 7 回シフトさせ，7 個のシフトレジスタに保存している受信語をすべて出力させる．もし x^6 の係数 v_6 に誤りが生じていればシンドロームは (101) となり，NOT 回路と AND 回路でこのパターンを認識して 1 が出力され，v_6 にこの 1 が加えられて誤りが訂正される．もし x^5 の係数 v_5 に誤りが生じていればシンドロームは (111) となり，v_6 が出力された時点では AND 回路の出力は 0 であるが，v_5 が出力される時点では割り算回路のシフトレジスタの内容が (101) に変わっており，v_5 に AND 回路の出力 1 が加えられて誤りが訂正される．

【例題 5·6】 生成多項式 $g(x) = x^3 + x + 1$ の巡回ハミング符号の受信語が $v(x) = x^5 + x + 1$ であるとき，図 5·6 の復号器により正しい符号語を求めよ．

【解】 シフトレジスタの内容の遷移を**表 5·8** に示す．表 5·8 からわかるように，$v(x)$ には $e(x) = x^2$ の誤りが生じており，正しい符号語は $u(x) = x^5 + x^2 + x + 1$ である．

表 5·8　復号回路（図5·6）の動作

入力	割り算回路のシフトレジスタの内容			バッファの内容							出力	スイッチ
0	0	0	0	0								
1	1	0	0	1	0							
0	0	1	0	0	1	0						
0	0	0	1	0	0	1	0					S：開
0	1	1	0	0	0	0	1	0				
1	1	1	1	1	0	0	0	1	0			
1	0	0	1	1	1	0	0	0	1	0		
	1	1	0		1	1	0	0	0	1	0	
	0	1	1			1	1	0	0	0	1	
	1	1	1				1	1	0	0	0	
	(1	0	1)					1	1	0	0	S：閉
	1	0	0						1	1	(1)←訂正	
	0	1	0							1	1	
	0	0	1								1	

5·4　BCH 符 号

BCH符号（Bose–Chaudhuri–Hocquenghem 符号）は考案者 Bose, Chaudhuri, Hocquenghem の頭文字をとって名づけられた多重誤り訂正巡回符号であり，種々の訂正能力ならびに符号長をもつ符号が構成できることから，実用的にも重要な符号である．

BCH 符号はガロア体と呼ばれる，四則演算が行える有限な元の集合をもとに構成されるので，まずガロア体について説明する．

5・4・1 ガ ロ ア 体

集合 F の元の間で加法（$+$）と乗法（$\cdot$）が定義されていて，任意の元 $a, b, c \in F$ に対し次の性質が満たされるとき，その集合 F を**体**（field）という（詳しくは付録参照）．

(1) 閉包性：$a + b \in F,\ a \cdot b \in F$

(2) 結合則：$(a + b) + c = a + (b + c),\ (a \cdot b) \cdot c = a \cdot (b \cdot c)$

(3) 交換則：$a + b = b + a,\ a \cdot b = b \cdot a$

(4) 零元（0）の存在：$a + 0 = 0 + a = a$ なる元 0 が存在する．

(5) 単位元（1）の存在：$a \cdot 1 = 1 \cdot a = a$ なる元 1 が存在する．

(6) 加法に関する逆元の存在：$a + (-a) = (-a) + a = 0$ なる元 $(-a)$ が存在する．

(7) 乗法に関する逆元の存在：$a \cdot a^{-1} = a^{-1} \cdot a = 1\ (a \neq 0)$ なる元 (a^{-1}) が存在する．

(8) 分配則：$a \cdot (b + c) = (a \cdot b) + (a \cdot c)$

このような体の中で，元の数が有限なものを**有限体**（finite field）あるいは**ガロア体**（Galois field）と呼び，元の数が q のガロア体を $GF(q)$ で表す．

ガロア体 $GF(q)$ は，元の数 q が素数 p あるいは素数のべき p^m のとき，かつそのときに限り存在する．

ガロア体の中で最も小さな体は 0 と 1 の 2 つの元からなる体 $GF(2)$ である．ガロア体 $GF(2)$ の演算表を**表 5・9** に示す．すなわち，$GF(2)$ での演算は 2 を法とする演算である．

表 5・9 $GF(2)$ の演算表

加 算		
$+$	0	1
0	0	1
1	1	0

乗 算		
$\cdot$	0	1
0	0	0
1	0	1

体 F の元を係数とする多項式を F の上の多項式という．5・3 節（79 ページ）で述べた巡回符号の多項式表現は，ガロア体 $GF(2)$ の上の多項式として表したものである．したがって，多項式間の演算は $GF(2)$ での演算である．

5·4·2 拡 大 体

ガロア体 $GF(p)$ の上の m 次既約多項式 $g(x)$（それ以上因数分解できない多項式）を 1 つ選ぶ．$g(x) = 0$ の根はもちろん $GF(p)$ の中には存在しない（根 α が存在すれば $g(x)$ は因数 $x - \alpha$ をもつ）．

そこで，$GF(p)$ の中には存在しない $g(x) = 0$ の根を α とおく．この元 α を $GF(p)$ の元に加えて，新たな体をつくる．$GF(p)$ の元に α を加えたり，また乗じたりしてできる元を新たな体の元とすると，元の数が p^m のガロア体 $GF(p^m)$ が構成できる．これを $GF(p)$ の **m 次拡大体** と呼び，$GF(p)$ を**基礎体**という．

例えば，基礎体として $GF(2)$ を，$GF(2)$ の上の既約多項式として $g(x) = x^2 + x + 1$ を選ぶ．$g(x)$ が既約であることは，$g(0) \neq 0,\ g(1) \neq 0$ より確かめられる．$g(x) = 0$ の根を α とおく．基礎体 $GF(2)$ の元 $0, 1$ に α を付加した新たな体は，これらの元の演算結果 $1 + \alpha$ を元として含み，また $\alpha \cdot \alpha = \alpha^2$ など α のべきも元として含む．ところが，α は $g(x) = 0$ の根であるから，$\alpha^2 + \alpha + 1 = 0$ すなわち $\alpha^2 = -\alpha - 1 = \alpha + 1$ であり，拡大体 $GF(2^2)$ の異なる元は結局 $0, 1,$ α, α^2 の 4 種類である．ガロア体 $GF(2^2)$ の演算表を**表 5·10** に示す．

この例のように，既約多項式の根 α のべきで，拡大体の 0 以外のすべての元が表現できるとき，根 α を拡大体の**原始元**（primitive element）といい，この既約多項式を特に**原始多項式**（primitive polynomial）という．

表 5·10　$GF(2^2)$ の演算表

加 算

+	0	1	α	α^2
0	0	1	α	α^2
1	1	0	α^2	α
α	α	α^2	0	1
α^2	α^2	α	1	0

乗 算

·	0	1	α	α^2
0	0	0	0	0
1	0	1	α	α^2
α	0	α	α^2	1
α^2	0	α^2	1	α

原始元 α を用いると，拡大体 $GF(p^m)$ の元は $0, 1, \alpha, \alpha^2, \cdots, \alpha^{p^m-2}$ と表せる（$\alpha^{p^m-1} = 1$ である）．これを $GF(p^m)$ の元の**べき表現**という．一方，原始多項式 $g(x)$ は $g(\alpha) = 0$ を満たすから，この関係を用いると，任意の 0 でない元 α^i（$i = 0, 1, \cdots, p^m - 2$）は

$$\alpha^i = a_0 + a_1\alpha + \cdots + a_{m-1}\alpha^{m-1} \quad (a_j \in GF(p); \; j = 0, 1, \cdots, m-1)$$
$$(5 \cdot 45)$$

と表され，この係数だけを並べて

$$(a_0, a_1, \cdots, a_{m-1}) \qquad (a_j \in GF(p); \; j = 0, 1, \cdots, m-1) \qquad (5 \cdot 46)$$

で表すことができる．これを $GF(p^m)$ の元の**ベクトル表現**という．

【例題 5·7】 3 次の原始多項式 $x^3 + x + 1$ による拡大体 $GF(2^3)$ の元のべき表現とベクトル表現を求めよ．

【解】 原始元を α とすると，$\alpha^3 = \alpha + 1$ であるから，べき表現とベクトル表現は**表 5·11** のようになる．

表 5·11　$GF(2^3)$ のべき表現とベクトル表現（$\alpha^3 + \alpha + 1 = 0$）

べき表現	ベクトル表現
0	$(0\ 0\ 0)$
1	$(1\ 0\ 0)$
α	$(0\ 1\ 0)$
α^2	$(0\ 0\ 1)$
α^3	$(1\ 1\ 0)$
α^4	$(0\ 1\ 1)$
α^5	$(1\ 1\ 1)$
α^6	$(1\ 0\ 1)$

5·4·3　BCH 符号の構造

ここでは 2 元 BCH 符号について考える．

92　　5 章　誤り訂正符号

BCH 符号の定義　拡大体 $GF(2^m)$ の原始元を α とするとき，$\alpha, \alpha^3,$ $\alpha^5, \cdots, \alpha^{2t-1}$ を根としてもつ $GF(2)$ の上の生成多項式 $g(x)$ により生成される符号を t 重誤り訂正 BCH 符号という．

BCH 符号の符号語 $u(x) = u_0 + u_1 x + \cdots + u_{n-1} x^{n-1}$ は，$g(x)$ で割り切れることにより $\alpha, \alpha^3, \alpha^5, \cdots, \alpha^{2t-1}$ を根としてもつので，$u(\alpha) = u(\alpha^3) = \cdots = u(\alpha^{2t-1}) = 0$ である．したがって，BCH 符号のパリティ検査行列 H は

$$
H = \begin{pmatrix}
1 & \alpha & \alpha^2 & \cdots & \alpha^{n-1} \\
1 & \alpha^3 & (\alpha^3)^2 & \cdots & (\alpha^3)^{n-1} \\
\cdots & \cdots & \cdots & \cdots & \cdots \\
1 & \alpha^{2t-1} & (\alpha^{2t-1})^2 & \cdots & (\alpha^{2t-1})^{n-1}
\end{pmatrix}
\tag{5.47}
$$

と表せる．シンドローム $\boldsymbol{s} = (s_1, s_3, \cdots, s_{2t-1})$ は，受信語を $v(x)$ として，$s_i = v(\alpha^i)$ $(i = 1, 3, \cdots, 2t-1)$ である．

$\alpha, \alpha^3, \alpha^5, \cdots, \alpha^{2t-1}$ を根としてもつ $GF(2)$ の上の生成多項式 $g(x)$ により生成される BCH 符号が t 個の誤りを訂正できることは，次のように説明できる．

$GF(2)$ の上の多項式 $f(x)$ においては $f(x^2) = \{f(x)\}^2$ が成り立つから，α が $f(x)$ の根であれば α^2 も $f(x)$ の根であり，同様に $\alpha^4, \alpha^8, \cdots$ も $f(x)$ の根である．また，α^3 が $f(x)$ の根であれば $\alpha^6, \alpha^{12}, \cdots$ も $f(x)$ の根である．ところで，BCH 符号の符号語 $u(x)$ は $\alpha, \alpha^3, \alpha^5, \cdots, \alpha^{2t-1}$ を根としてもつので，$u(x)$ は $\alpha^2, \alpha^4, \alpha^6, \cdots, \alpha^{2t}$ も根としてもち，$u(\alpha) = u(\alpha^2) = u(\alpha^3) = \cdots = u(\alpha^{2t-1}) = u(\alpha^{2t}) = 0$ である．したがって，式 (5.47) のパリティ検査行列 H は

$$
H = \begin{pmatrix}
1 & \alpha & \alpha^2 & \cdots & \alpha^{n-1} \\
1 & \alpha^2 & (\alpha^2)^2 & \cdots & (\alpha^2)^{n-1} \\
1 & \alpha^3 & (\alpha^3)^2 & \cdots & (\alpha^3)^{n-1} \\
\cdots & \cdots & \cdots & \cdots & \cdots \\
1 & \alpha^{2t} & (\alpha^{2t})^2 & \cdots & (\alpha^{2t})^{n-1}
\end{pmatrix}
\tag{5.48}
$$

とも表すことができる．式 $(5\cdot48)$ の任意の $2t$ 列を取り出すと，その行列式は

$$
\begin{vmatrix}
\alpha^{i_1} & \alpha^{i_2} & \alpha^{i_3} & \cdots & \alpha^{i_{2t}} \\
(\alpha^{i_1})^2 & (\alpha^{i_2})^2 & (\alpha^{i_3})^2 & \cdots & (\alpha^{i_{2t}})^2 \\
(\alpha^{i_1})^3 & (\alpha^{i_2})^3 & (\alpha^{i_3})^3 & \cdots & (\alpha^{i_{2t}})^3 \\
\cdots & \cdots & \cdots & \cdots & \cdots \\
(\alpha^{i_1})^{2t} & (\alpha^{i_2})^{2t} & (\alpha^{i_3})^{2t} & \cdots & (\alpha^{i_{2t}})^{2t}
\end{vmatrix}
$$

$$
= \alpha^{i_1+i_2+\cdots+i_{2t}} \prod_{1 \leqq h < k \leqq 2t} (\alpha^{i_k} - \alpha^{i_h}) \neq 0 \tag{5·49}
$$

と表される．ここで，パリティ検査行列において任意の $2t$ 列の行列式の値が 0 でないということは，パリティ検査行列のどの $2t$ 列以下の和も **0** でないことを示しているから，定理 $5\cdot4$ より，式 $(5\cdot47)$ のパリティ検査行列をもつ BCH 符号は t 個の誤りを訂正することができる．

　原始元 α のべきにより m 次拡大体 $GF(2^m)$ の $2^m - 1$ 個の 0 でない元すべてが表現できるから，式 $(5\cdot47)$ のパリティ検査行列の列の数，すなわち符号長は $2^m - 1$ である．また，式 $(5\cdot47)$ のパリティ検査行列の要素は，$GF(2)$ の上の長さ m のベクトルで表せるから，パリティ検査行列を $GF(2)$ の元で表したときの行の数，すなわち検査記号数は mt である．しかし，mt 個の行の中には従属な行が含まれる場合があり，このときは従属な行を取り除くことができるので，検査記号数は mt 以下になる．

　以上をまとめると，BCH 符号のパラメータは次のように与えられる．

$$
\begin{aligned}
&\text{符号長} &&: n = 2^m - 1 \\
&\text{情報記号数} &&: k \geqq n - mt \\
&\text{検査記号数} &&: n - k \leqq mt \\
&\text{訂正能力} &&: t
\end{aligned}
$$

　各種 BCH 符号の生成多項式の一例を**表 5·12** に示す．表 5·12 の訂正能力 1 の生成多項式はいずれも原始多項式である．

94 | 5 章　誤り訂正符号

表 5·12　BCH 符号の生成多項式

符号長	情報記号数	訂正能力	生成多項式
7	4	1	$x^3 + x + 1$
15	11	1	$x^4 + x + 1$
	7	2	$x^8 + x^7 + x^6 + x^4 + 1$
	5	3	$x^{10} + x^8 + x^5 + x^4 + x^2 + x + 1$
31	26	1	$x^5 + x^2 + 1$
	21	2	$x^{10} + x^9 + x^8 + x^6 + x^5 + x^3 + 1$
	16	3	$x^{15} + x^{11} + x^{10} + x^9 + x^8 + x^7 + x^5 + x^3 + x^2 + x + 1$
63	57	1	$x^6 + x + 1$
	51	2	$x^{12} + x^{10} + x^8 + x^5 + x^4 + x^3 + 1$
	45	3	$x^{18} + x^{17} + x^{16} + x^{15} + x^9 + x^7 + x^6 + x^3 + x^2 + x + 1$

【例題 5·8】　符号長 15 ビットの 2 重誤り訂正 2 元 BCH 符号を考える．長さ 7 ビットの情報記号系列 (0001101) を生成多項式 $g(x) = x^8 + x^7 + x^6 + x^4 + 1$ で符号化せよ．

【解】　情報記号系列を $p(x) = x^3 + x^4 + x^6$ と多項式表示し，$x^8 p(x) = x^{11} + x^{12} + x^{14}$ を $g(x)$ で割ると，式 (5·50) の演算より，余り $r(x)$ は

$$r(x) = 1 + x + x^2 + x^3 + x^6 + x^7$$

となる．したがって，符号多項式 $u(x)$ は

$$u(x) = 1 + x + x^2 + x^3 + x^6 + x^7 + x^{11} + x^{12} + x^{14}$$

で，符号語は (111100110001101) である．左の 8 ビット 11110011 が検査記号で，右の 7 ビット 0001101 が情報記号である．

$$
\begin{array}{r}
x^6\ +x^5\ +x^4\ +x^3\ +x^2\ +x\ +1 \\[2pt]
\hline
x^8+x^7+x^6+x^4+1\,\big)\ \overline{x^{14}\qquad\ +x^{12}+x^{11}} \\
\end{array}
$$

$$
\begin{array}{l}
\underline{x^{14}+x^{13}+x^{12}\qquad\quad +x^{10}\qquad\qquad\qquad +x^6} \\
\quad\ x^{13}\qquad +x^{11}+x^{10}\qquad\qquad\qquad +x^6 \\
\quad\ \underline{x^{13}+x^{12}+x^{11}\qquad\quad +x^9\qquad\qquad\qquad +x^5} \\
\qquad\ x^{12}\qquad\quad +x^{10}+x^9\qquad\qquad +x^6+x^5 \\
\qquad\ \underline{x^{12}+x^{11}+x^{10}\qquad\ +x^8\qquad\qquad\qquad +x^4} \\
\qquad\quad\ x^{11}\qquad\quad +x^9+x^8\qquad +x^6+x^5+x^4 \\
\qquad\quad\ \underline{x^{11}+x^{10}+x^9\qquad\ +x^7\qquad\qquad\qquad +x^3} \\
\qquad\qquad\ x^{10}\qquad\quad +x^8+x^7+x^6+x^5+x^4+x^3 \\
\qquad\qquad\ \underline{x^{10}+x^9+x^8\qquad +x^6\qquad\qquad\quad +x^2} \\
\qquad\qquad\quad\ x^9\qquad\quad +x^7\qquad +x^5+x^4+x^3+x^2 \\
\qquad\qquad\quad\ \underline{x^9+x^8+x^7\qquad\ +x^5\qquad\qquad\qquad +x} \\
\qquad\qquad\qquad\ x^8\qquad\qquad\qquad +x^4+x^3+x^2+x \\
\qquad\qquad\qquad\ \underline{x^8+x^7+x^6\qquad\quad +x^4\qquad\qquad +1} \\
\qquad\qquad\qquad\quad\ x^7+x^6\qquad\qquad +x^3+x^2+x+1
\end{array}
$$

$$(5\cdot50)$$

BCH 符号の復号法，すなわち誤りの訂正法については 5・6 節（98 ページ）で述べる．

5・5　リード・ソロモン符号

ここでは拡大体 $GF(2^m)$ の上の**リード・ソロモン符号**（Reed–Solomon 符号）について考える．

> **リード・ソロモン符号の定義**　拡大体 $GF(2^m)$ の原始元を α とするとき，$\alpha, \alpha^2, \alpha^3, \cdots, \alpha^{2t}$ を根としてもつ $GF(2^m)$ の上の生成多項式 $g(x)$ により生成される符号を t 重誤り訂正リード・ソロモン符号という．

t 重誤り訂正リード・ソロモン符号の生成多項式は

$$g(x) = (x - \alpha)(x - \alpha^2)(x - \alpha^3) \cdots (x - \alpha^{2t}) \tag{5·51}$$

で与えられる．t 重誤り訂正リード・ソロモン符号は $\alpha, \alpha^2, \alpha^3, \cdots, \alpha^{2t}$ を根としてもつので，パリティ検査行列は式 (5·48) である．このパリティ検査行列は

どの $2t$ 列以下の和も **0** でないので，式 (5・51) により生成される符号は t 個の誤りを訂正することができる．

生成多項式 $g(x)$ の次数は $2t$ であるから，t 重誤り訂正リード・ソロモン符号の符号長は $n = 2^m - 1$，情報記号数は $k = 2^m - 1 - 2t$，検査記号数は $2t$ である．

【例題 5・9】 ガロア体 $GF(2^4)$（原始元 α は $\alpha^4 + \alpha + 1 = 0$）の上の，符号長 15 シンボルの 2 重誤り訂正リード・ソロモン符号を考える．このとき，長さ 11 シンボルの情報記号系列 $(\alpha \; \alpha^8 \; \alpha^3 \; 1 \; \alpha^5 \; \alpha^{12} \; \alpha^2 \; \alpha^2 \; \alpha^{13} \; \alpha \; \alpha^4)$ を符号化せよ．

【解】 生成多項式は，$g(x) = (x - \alpha)(x - \alpha^2)(x - \alpha^3)(x - \alpha^4) = x^4 + \alpha^{13}x^3 + \alpha^6 x^2 + \alpha^3 x + \alpha^{10}$ である（$GF(2^4)$ の要素のべき表現とベクトル表現の対応を**表** 5・13 に示す）．

表 5・13 $GF(2^4)$ のべき表現とベクトル表現（$\boldsymbol{\alpha^4 + \alpha + 1 = 0}$）

べき表現	ベクトル表現	べき表現	ベクトル表現
0	0 0 0 0	α^7	1 1 0 1
1	1 0 0 0	α^8	1 0 1 0
α	0 1 0 0	α^9	0 1 0 1
α^2	0 0 1 0	α^{10}	1 1 1 0
α^3	0 0 0 1	α^{11}	0 1 1 1
α^4	1 1 0 0	α^{12}	1 1 1 1
α^5	0 1 1 0	α^{13}	1 0 1 1
α^6	0 0 1 1	α^{14}	1 0 0 1

情報記号系列を $p(x) = \alpha + \alpha^8 x + \alpha^3 x^2 + x^3 + \alpha^5 x^4 + \alpha^{12} x^5 + \alpha^2 x^6 + \alpha^2 x^7 + \alpha^{13} x^8 + \alpha x^9 + \alpha^4 x^{10}$ と多項式表示し，$x^4 p(x)$ を $g(x)$ で割ると，次ページの式 (5・52) より，余り $r(x)$ は

$$r(x) = \alpha^9 + \alpha^{10}x + \alpha^9 x^2 + \alpha^5 x^3$$

となる．したがって，符号多項式 $u(x)$ は

$$u(x) = \alpha^9 + \alpha^{10}x + \alpha^9 x^2 + \alpha^5 x^3 + \alpha x^4 + \alpha^8 x^5 + \alpha^3 x^6 + x^7 + \alpha^5 x^8$$
$$+ \alpha^{12} x^9 + \alpha^2 x^{10} + \alpha^2 x^{11} + \alpha^{13} x^{12} + \alpha x^{13} + \alpha^4 x^{14}$$

で，符号語は $(\alpha^9\ \alpha^{10}\ \alpha^9\ \alpha^5\ \alpha\ \alpha^8\ \alpha^3\ 1\ \alpha^5\ \alpha^{12}\ \alpha^2\ \alpha^2\ \alpha^{13}\ \alpha\ \alpha^4)$ である．左の 4 シンボルが検査記号で，右の 11 シンボルが情報記号である．

$$
\begin{array}{l}
\text{商：}\ \alpha^4 x^{10}+\alpha^5 x^9+\alpha x^8+\alpha^3 x^7+x^6+\alpha^9 x^5+\alpha^4 x^4+x^3+\alpha^9 x^2+\alpha^9 x+\alpha^{14}\\[4pt]
x^4+\alpha^{13}x^3+\alpha^6 x^2+\alpha^3 x+\alpha^{10}\ )\ \alpha^4 x^{14}+\alpha x^{13}+\alpha^{13}x^{12}+\alpha^2 x^{11}+\alpha^2 x^{10}+\alpha^{12}x^9+\alpha^5 x^8+x^7+\alpha^3 x^6+\alpha^8 x^5+\alpha x^4\\
\hphantom{x^4+\alpha^{13}x^3+\alpha^6 x^2+\alpha^3 x+\alpha^{10}\ )\ }\alpha^4 x^{14}+\alpha^2 x^{13}+\alpha^{10}x^{12}+\alpha^7 x^{11}+\alpha^{14}x^{10}\\
\hline
\hphantom{x^4+\alpha^{13}x^3+\alpha^6 x^2+\alpha^3 x+\alpha^{10}\ )\ \ }\alpha^5 x^{13}+\alpha^9 x^{12}+\alpha^{12}x^{11}+\alpha^{13}x^{10}+\alpha^{12}x^9+\alpha^5 x^8+x^7+\alpha^3 x^6+\alpha^8 x^5+\alpha x^4\\
\hphantom{x^4+\alpha^{13}x^3+\alpha^6 x^2+\alpha^3 x+\alpha^{10}\ )\ \ }\alpha^5 x^{13}+\alpha^3 x^{12}+\alpha^{11}x^{11}+\alpha^8 x^{10}+x^9\\
\hline
\hphantom{xxxxxxxxxxxxxxxxxxxxxxxxxxxxxxxx}\alpha x^{12}+x^{11}+\alpha^3 x^{10}+\alpha^{11}x^9+\alpha^5 x^8+x^7+\alpha^3 x^6+\alpha^8 x^5+\alpha x^4\\
\hphantom{xxxxxxxxxxxxxxxxxxxxxxxxxxxxxxxx}\alpha x^{12}+\alpha^{14}x^{11}+\alpha^7 x^{10}+\alpha^4 x^9+\alpha^{11}x^8\\
\hline
\hphantom{xxxxxxxxxxxxxxxxxxxxxxxxxxxxxxxxxxx}\alpha^3 x^{11}+\alpha^4 x^{10}+\alpha^{13}x^9+\alpha^3 x^8+x^7+\alpha^3 x^6+\alpha^8 x^5+\alpha x^4\\
\hphantom{xxxxxxxxxxxxxxxxxxxxxxxxxxxxxxxxxxx}\alpha^3 x^{11}+\alpha x^{10}+\alpha^9 x^9+\alpha^6 x^8+\alpha^{13}x^7\\
\hline
\hphantom{xxxxxxxxxxxxxxxxxxxxxxxxxxxxxxxxxxxxxx}x^{10}+\alpha^{10}x^9+\alpha^2 x^8+\alpha^6 x^7+\alpha^3 x^6+\alpha^8 x^5+\alpha x^4\\
\hphantom{xxxxxxxxxxxxxxxxxxxxxxxxxxxxxxxxxxxxxx}x^{10}+\alpha^{13}x^9+\alpha^6 x^8+\alpha^3 x^7+\alpha^{10}x^6\\
\hline
\hphantom{xxxxxxxxxxxxxxxxxxxxxxxxxxxxxxxxxxxxxxxx}\alpha^9 x^9+\alpha^3 x^8+\alpha^2 x^7+\alpha^{12}x^6+\alpha^8 x^5+\alpha x^4\\
\hphantom{xxxxxxxxxxxxxxxxxxxxxxxxxxxxxxxxxxxxxxxx}\alpha^9 x^9+\alpha^7 x^8+x^7+\alpha^{12}x^6+\alpha^4 x^5\\
\hline
\hphantom{xxxxxxxxxxxxxxxxxxxxxxxxxxxxxxxxxxxxxxxxxxx}\alpha^4 x^8+\alpha^8 x^7+\alpha^5 x^5+\alpha x^4\\
\hphantom{xxxxxxxxxxxxxxxxxxxxxxxxxxxxxxxxxxxxxxxxxxx}\alpha^4 x^8+\alpha^2 x^7+\alpha^{10}x^6+\alpha^7 x^5+\alpha^{14}x^4\\
\hline
\hphantom{xxxxxxxxxxxxxxxxxxxxxxxxxxxxxxxxxxxxxxxxxxxxxx}x^7+\alpha^{10}x^6+\alpha^{13}x^5+\alpha^7 x^4\\
\hphantom{xxxxxxxxxxxxxxxxxxxxxxxxxxxxxxxxxxxxxxxxxxxxxx}x^7+\alpha^{13}x^6+\alpha^6 x^5+\alpha^3 x^4+\alpha^{10}x^3\\
\hline
\hphantom{xxxxxxxxxxxxxxxxxxxxxxxxxxxxxxxxxxxxxxxxxxxxxxxx}\alpha^9 x^6+x^5+\alpha^4 x^4+\alpha^{10}x^3\\
\hphantom{xxxxxxxxxxxxxxxxxxxxxxxxxxxxxxxxxxxxxxxxxxxxxxxx}\alpha^9 x^6+\alpha^7 x^5+x^4+\alpha^{12}x^3+\alpha^4 x^2\\
\hline
\hphantom{xxxxxxxxxxxxxxxxxxxxxxxxxxxxxxxxxxxxxxxxxxxxxxxxxx}\alpha^9 x^5+\alpha x^4+\alpha^3 x^3+\alpha^4 x^2\\
\hphantom{xxxxxxxxxxxxxxxxxxxxxxxxxxxxxxxxxxxxxxxxxxxxxxxxxx}\alpha^9 x^5+\alpha^7 x^4+x^3+\alpha^{12}x^2+\alpha^4 x\\
\hline
\hphantom{xxxxxxxxxxxxxxxxxxxxxxxxxxxxxxxxxxxxxxxxxxxxxxxxxxxx}\alpha^{14}x^4+\alpha^{14}x^3+\alpha^6 x^2+\alpha^4 x\\
\hphantom{xxxxxxxxxxxxxxxxxxxxxxxxxxxxxxxxxxxxxxxxxxxxxxxxxxxx}\alpha^{14}x^4+\alpha^{12}x^3+\alpha^5 x^2+\alpha^2 x+\alpha^9\\
\hline
\hphantom{xxxxxxxxxxxxxxxxxxxxxxxxxxxxxxxxxxxxxxxxxxxxxxxxxxxxxx}\alpha^5 x^3+\alpha^9 x^2+\alpha^{10}x+\alpha^9
\end{array}
$$

$$(5\cdot52)$$

0 と 1 からなる 2 元系列に対しては，次のようにして $GF(2^m)$ の上のリード・ソロモン符号を適用することができる．

$GF(2^m)$ の元は m ビットの 2 元ベクトルで表すことができるから，長さ $m(2^m-1-2t)$ ビットの 2 元系列を m ビットずつ区切り，各 m ビットを $GF(2^m)$ の元とみなしてリード・ソロモン符号化する．こうして符号化された長さ 2^m-1 シンボルの符号語の各シンボルを 2 元ベクトルで表し，長さ $m(2^m-1)$ ビットの 2 元符号語を得る．この符号は，m ビットを単位として t 個の誤りを訂正することができる．ただし，mt ビットの誤りを訂正できるわけではないことに注意する．

98 | 5章 誤り訂正符号

リード・ソロモン符号の復号法, すなわち誤りの訂正法については次節で述べる.

5·6 ユークリッド復号法

t 個の誤りを訂正する BCH 符号やリード・ソロモン符号の復号法の1つとして, ユークリッド復号法がある. これは, ユークリッドの互除法に基づく復号法で, 他の復号法に比べてアルゴリズムが単純で理解しやすい復号法である.

いま, 誤り多項式を $e(x) = e_0 + e_1 x + \cdots + e_{n-1} x^{n-1}$ とすると, 式 (5·48) のパリティ検査行列より, シンドローム $s_j \ (j = 1, 2, \cdots, 2t)$ は

$$s_j = \sum_{i=0}^{n-1} e_i \alpha^{ij} \qquad (j = 1, 2, \cdots, 2t) \tag{5·53}$$

である. シンドローム s_j を係数とする多項式

$$S(x) = s_1 + s_2 x + s_3 x^2 + \cdots + s_{2t} x^{2t-1} \tag{5·54}$$

を考えると, $S(x)$ は

$$
\begin{aligned}
S(x) &= \sum_{j=1}^{2t} \left\{ \sum_{i=0}^{n-1} e_i \alpha^{ij} \right\} x^{j-1} \\
&= \sum_{j=1}^{2t} \left\{ \sum_{i=0}^{n-1} e_i (\alpha^{-i})^{-j} \right\} x^{j-1} \\
&= \sum_{i=0}^{n-1} e^i \sum_{j=1}^{2t} (\alpha^{-i})^{-j} x^{j-1} \\
&= \sum_{i=0}^{n-1} e^i \frac{(\alpha^{-i})^{-2t} x^{2t} - 1}{x - \alpha^{-i}} \\
&\equiv \sum_{i=0}^{n-1} \frac{e_i}{x - \alpha^{-i}} \qquad \bmod x^{2t}
\end{aligned}
\tag{5·55}
$$

となる. ここで, 0番目から数えて $i_1, i_2, \cdots, i_t$ 番目に誤りが生じたとして

$$\sigma(x) = \prod_{m=1}^{t} (x - \alpha^{-i_m}) \tag{5.56}$$

$$\omega(x) = \sum_{m=1}^{t} e_{i_m} \prod_{\substack{h=1 \\ h \neq m}}^{t} (x - \alpha^{-i_h}) \tag{5.57}$$

とおくと

$$S(x)\sigma(x) \equiv \omega(x) \mod x^{2t} \tag{5.58}$$

が成り立つ．式 (5.58) を満たす $\sigma(x)$ と $\omega(x)$ が求められれば，誤りの位置と誤りの大きさがわかる．ここで，$\sigma(x)$ を**誤り位置多項式** (error-locator polynomial)，$\omega(x)$ を**誤り評価多項式** (error-evaluator polynomial) と呼ぶ．式 (5.58) を満たす $\sigma(x)$ と $\omega(x)$ は次の手順で求めることができる．

ユークリッド復号法

手順1 受信語 $v = (v_0, v_1, \cdots, v_{n-1})$ に対して，シンドローム

$$s_j = \sum_{i=0}^{n-1} v_i \alpha^{ij} \qquad (j = 1, 2, \cdots, 2t)$$

を計算する．すべての j について $s_j = 0$ ならば誤りなしである．そうでなければ手順2に進む．

手順2 $S(x) = s_1 + s_2 x + s_3 x^2 + \cdots + s_{2t} x^{2t-1}$

$$\begin{cases} p_{-1}(x) = 0, & p_0(x) = 1 \\ r_{-1}(x) = x^{2t}, & r_0(x) = S(x) \end{cases}$$

とおく．$j = 1$ として手順3に進む．

手順3 $\begin{cases} r_{j-2}(x) = q_j(x) r_{j-1}(x) + r_j(x), & \deg[r_j(x)] < \deg[r_{j-1}(x)] \\ p_j(x) = p_{j-2}(x) - q_j(x) p_{j-1}(x) \end{cases}$

なる $r_j(x), p_j(x)$ を求める．ここに，$\deg[r_j(x)]$ は多項式 $r_j(x)$ の次数を表す．$q_j(x)$ は $r_{j-2}(x)$ を $r_{j-1}(x)$ で割ったときの商であり，$r_j(x)$ は余りである．

100 5章 誤り訂正符号

もし，$\deg[r_j(x)] < t$ ならば手順4に進む．そうでなければ $j \leftarrow j+1$ として手順3を繰り返す．

手順4 $\sigma(x) = p_j(x)$ として，$\sigma(x) = 0$ の根を求める．α^{-i} が根ならば，0番目から数えて i 番目に誤りが生じているとする．

手順5 $\omega(x) = r_j(x)$ として，手順4で求めた誤り位置 i に対して，

$$e_i = \frac{\omega(\alpha^{-i})}{\sigma'(\alpha^{-i})}$$

より，誤りの大きさ e_i が求まる．ここに，$\sigma'(x)$ は $\sigma(x)$ の形式微分である．

なお，2元 BCH 符号の場合は誤りの大きさを求める必要がないから，手順4までで誤りが訂正できる．

【例題 5·10】 原始多項式が $x^4 + x + 1$ である2重誤り訂正 BCH 符号の受信語が

$$v = (\,0\;0\;1\;1\;0\;0\;0\;1\;0\;1\;1\;0\;0\;0\;0\,)$$

であるとき，誤りを訂正して正しい符号語を求めよ．

【解】 受信語を多項式で表せば，$v(x) = x^2 + x^3 + x^7 + x^9 + x^{10}$ である．

表5·13をもとにシンドロームを計算すると，原始元を α として

$$s_1 = v(\alpha) = \alpha^9, \quad s_2 = s_1^2 = \alpha^3, \quad s_3 = v(\alpha^3) = \alpha^2, \quad s_4 = s_2^2 = \alpha^6$$

であるから

$$\begin{cases} p_{-1}(x) = 0, \quad p_0(x) = 1, \\ r_{-1}(x) = x^4, \quad r_0(x) = S(x) = \alpha^9 + \alpha^3 x + \alpha^2 x^2 + \alpha^6 x^3 \end{cases}$$

とおき，$j=1$ として手順3を実行する．

$$x^4 = (\alpha^9 x + \alpha^5)(\alpha^6 x^3 + \alpha^2 x^2 + \alpha^3 x + \alpha^9) + (\alpha^2 x^2 + \alpha^{13} x + \alpha^{14})$$

より

$$\begin{cases} r_1(x) = \alpha^2 x^2 + \alpha^{13} x + \alpha^{14}, \\ q_1(x) = \alpha^9 x + \alpha^5, \quad p_1(x) = p_{-1}(x) - q_1(x)p_0(x) = \alpha^9 x + \alpha^5 \end{cases}$$

となる．$\deg[r_1(x)] \geqq 2$ であるから，$j = 2$ として

$$\alpha^6 x^3 + \alpha^2 x^2 + \alpha^3 x + \alpha^9 = \alpha^4 x(\alpha^2 x^2 + \alpha^{13} x + \alpha^{14}) + \alpha^9$$

より

$$\begin{cases} r_2(x) = \alpha^9, \quad q_2(x) = \alpha^4 x, \\ p_2(x) = p_0(x) - q_2(x)p_1(x) = \alpha^{13} x^2 + \alpha^9 x + 1 \end{cases}$$

となる．

$\deg[r_2(x)] < 2$ であるから，$\sigma(x) = p_2(x) = \alpha^{13} x^2 + \alpha^9 x + 1$ となる．$\sigma(x)$ に $1, \alpha, \alpha^2, \cdots, \alpha^{14}$ を順次代入して 0 になるかどうか調べ，$\sigma(x) = 0$ の根を求めると，$\alpha^4 = \alpha^{-11}$ と $\alpha^{13} = \alpha^{-2}$ が根であることがわかる．

したがって，誤りは 0 番目から数えて 11 番目と 2 番目に生じていることがわかる．よって，正しい符号語は

$$u = (\,0\ 0\ 0\ 1\ 0\ 0\ 0\ 1\ 0\ 1\ 1\ 1\ 0\ 0\ 0\,)$$

である．

【例題 5·11】 原始元 α が多項式 $x^4 + x + 1$ の根である $GF(2^4)$ の上の 2 重誤り訂正リード・ソロモン符号の受信語が

$$v = (\,\alpha^9\ \alpha^{10}\ \alpha^9\ \alpha^5\ \alpha\ \alpha^8\ \alpha^3\ \alpha\ \alpha^5\ \alpha^{12}\ \alpha^4\ \alpha^2\ \alpha^{13}\ \alpha\ \alpha^4\,)$$

であるとき，誤りを訂正して正しい符号語を求めよ．

【解】 受信語を多項式で表せば，$v(x) = \alpha^9 + \alpha^{10} x + \alpha^9 x^2 + \alpha^5 x^3 + \alpha x^4 + \alpha^8 x^5 + \alpha^3 x^6 + \alpha x^7 + \alpha^5 x^8 + \alpha^{12} x^9 + \alpha^4 x^{10} + \alpha^2 x^{11} + \alpha^{13} x^{12} + \alpha x^{13} + \alpha^4 x^{14}$ である．表 5·13 をもとにシンドロームを計算すると

$$s_1 = v(\alpha) = \alpha^3, \quad s_2 = v(\alpha^2) = \alpha^{14}, \quad s_3 = v(\alpha^3) = 0, \quad s_4 = v(\alpha^4) = \alpha$$

であるから

$$\begin{cases} p_{-1}(x) = 0, \qquad p_0(x) = 1, \\ r_{-1}(x) = x^4, \qquad r_0(x) = S(x) = \alpha^3 + \alpha^{14}x + \alpha x^3 \end{cases}$$

とおき，$j=1$ として手順 3 を実行する．

$$x^4 = \alpha^{14}x(\alpha x^3 + \alpha^{14}x + \alpha^3) + (\alpha^{13}x^2 + \alpha^2 x)$$

より，$r_1(x) = \alpha^{13}x^2 + \alpha^2 x$, $\quad q_1(x) = \alpha^{14}x$, $\quad p_1(x) = p_{-1}(x) - q_1(x)p_0(x) = \alpha^{14}x$ となる．$\deg[r_1(x)] \geqq 2$ であるから，$j=2$ として

$$\alpha x^3 + \alpha^{14}x + \alpha^3 = (\alpha^3 x + \alpha^7)(\alpha^{13}x^2 + \alpha^2 x) + (\alpha^4 x + \alpha^3)$$

より，$r_2(x) = \alpha^4 x + \alpha^3$, $\quad q_2(x) = \alpha^3 x + \alpha^7$, $\quad p_2(x) = p_0(x) - q_2(x)p_1(x) = \alpha^2 x^2 + \alpha^6 x + 1$ となる．

$\deg[r_2(x)] < 2$ であるから，$\sigma(x) = p_2(x) = \alpha^2 x^2 + \alpha^6 x + 1$ として，$\sigma(x) = 0$ の根を求める．$1, \alpha, \alpha^2, \cdots, \alpha^{14}$ を順次 $\sigma(x)$ に代入すると，$\alpha^8 = \alpha^{-7}$ と $\alpha^5 = \alpha^{-10}$ が根であることがわかる．

したがって，誤りは 0 番目から数えて 7 番目と 10 番目に生じていることがわかる．

$\omega(x) = r_2(x) = \alpha^4 x + \alpha^3$, $\sigma'(x) = 2\alpha^2 x + \alpha^6 = \alpha^6$ より，7 番目と 10 番目の誤りの大きさは

$$\begin{cases} e_7 \; = \dfrac{\omega(\alpha^{-7})}{\alpha^6} \; = \alpha^4 \\[2mm] e_{10} = \dfrac{\omega(\alpha^{-10})}{\alpha^6} = \alpha^{10} \end{cases}$$

である．したがって，誤りパターンは

$$e = (\,0\ 0\ 0\ 0\ 0\ 0\ 0\ \alpha^4\ 0\ 0\ \alpha^{10}\ 0\ 0\ 0\ 0\,)$$

であるから，正しい符号語は

$$u = v - e = (\,\alpha^9\ \alpha^{10}\ \alpha^9\ \alpha^5\ \alpha\ \alpha^8\ \alpha^3\ 1\ \alpha^5\ \alpha^{12}\ \alpha^2\ \alpha^2\ \alpha^{13}\ \alpha\ \alpha^4\,)$$

である．

5.7 たたみ込み符号

5.7.1 たたみ込み符号

前節まで述べてきた符号は，ある長さに区切られた情報記号系列を別の長さの記号系列に変換する**ブロック符号**（block code）であった．ブロック符号では，符号化が一定長のブロック単位で行われ，各符号語間では何ら影響を及ぼし合わない．これに対して，ここで述べる**たたみ込み符号**（convolutional code）は，符号化はブロック単位で行われるが，過去の何ブロックかの情報記号が現在の符号化されたブロックに影響し，さらに現在のブロックの情報記号が次の符号化されるブロックに影響するといったように，ブロック間の影響が連鎖のように続いていく符号である．

以下では，簡単な具体例にしたがって説明しよう．図 5.7 はたたみ込み符号の符号器の一例である．四角の枠はシフトレジスタを表す．時点 j において 1

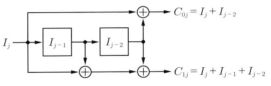

図 5.7 たたみ込み符号の符号器の例

ビットの情報記号 I_j が入力されると，2 ビットの符号系列 (C_{0j}, C_{1j}) が出力される．ここで，

$$\begin{cases} C_{0j} = I_j \quad\quad\quad + I_{j-2} \\ C_{1j} = I_j + I_{j-1} + I_{j-2} \end{cases} \tag{5.59}$$

である．例えば，シフトレジスタの初期状態をすべて 0 として，情報記号系列 $(I_0, I_1, \cdots, I_5) = (110100)$ を符号化すると，符号系列は $(C_{00}, C_{10}, C_{01}, C_{11}, \cdots, C_{05}, C_{15}) = (111010000111)$ となる．この符号は，長さ $k_0 = 1$ の情報ブロックを長さ $n_0 = 2$ の符号ブロックに符号化しており，符号化率は $k_0/n_0 = 1/2$ である．ここで，情報ブロックの長さが k_0，符号ブロックの長さが n_0 のたたみ込み符号を (n_0, k_0) たたみ込み符号という．

式 (5.59) の符号では，ある時点の符号ブロックが，現時点も含めて 3 時点過

去の情報ブロックの影響を受けている．この影響を及ぼす長さをたたみ込み符号の**拘束長**（constraint length）という．式 (5·59) の符号の拘束長は 3 である．

式 (5·59) の情報記号と符号系列との関係は，2 つの生成多項式

$$G(D) = (1 + D^2, 1 + D + D^2) \tag{5·60}$$

で，さらに簡単に，(101, 111) により表すことができる．ここに，D は遅延演算子であり，D^i は i 単位時間の遅延を表す．

たたみ込み符号の特徴は，最尤復号法やそれに近い復号法が比較的簡単に行えることであり，代表的な復号法として 5·7·3 項（105 ページ）で述べるビタビ復号法がある．

たたみ込み符号の誤り訂正能力は，**自由距離** d_f により示される．ここで，自由距離は，異なる符号系列の間の最小ハミング距離である．自由距離が大きいほど，符号の誤り訂正能力が高い．

符号化率 1/2 のたたみ込み符号の生成多項式とそれらの自由距離を**表** 5·14 に示す．

表 5·14 符号化率 **1/2** のたたみ込み符号

拘束長	生成多項式	自由距離
3	101	5
	111	
4	1101	6
	1111	
5	10011	7
	11101	
6	101011	8
	111101	
7	1111001	10
	1011011	

5·7·2　パンクチャドたたみ込み符号

パンクチャドたたみ込み符号（punctured convolutional code）とは，基本となる符号化率 1/2 のたたみ込み符号から，符号系列の一部を削除することによりつくられる符号化率 $m/n\ (m < n)$ のたたみ込み符号である．削除されるビットは**パンクチャリング行列**によって決定される．**表** 5·15 に示すパンクチャリング行列は最もよく使われているものである．すなわち，符号系列 $\{C_{0j}\}$ と $\{C_{1j}\}$ において，パンクチャリング行列の行の長さを周期として，0 に対応する記号を削除する．

例えば，表 5·15 の行列を使って符号化率 3/4 の符号をつくる場合，**図** 5·8 に

表 5·15　パンクチャリング行列

符号化率	パンクチャリング行列	自由距離
1/2 パンクチャリングなし	1 1	10
2/3	10 11	6
3/4	101 110	5
5/6	10101 11010	4
7/8	1000101 1111010	3

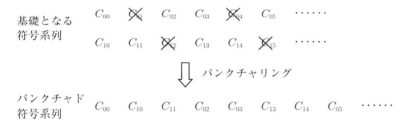

図 5·8　パンクチャドたたみ込み符号の例

示すように，符号化率 1/2 の符号の，符号系列の"×"で表されている記号を削除する．これにより，3 ビットの入力に対して，出力が 4 ビットになる．

なお，表 5·15 の自由距離は，基本となるたたみ込み符号に符号化率 1/2，拘束長 7 の符号を使った場合である．

5·7·3　ビタビ復号法

ビタビ復号法（Viterbi decoding）はたたみ込み符号の最尤復号法であり，誤り訂正能力の高い復号法である．

図 5·7（103 ページ）の符号器の振る舞いは，次ページの**図 5·9** の**状態遷移図**（state diagram）により記述できる．図 5·9 で 4 つの箱は 4 通りのシフトレジスタの状態 (I_j, I_{j-1}) を表す．実線で表された状態の遷移は入力が 0 のと

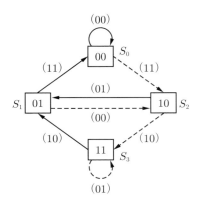

図 5·9 符号器（図 5·7）の状態遷移図

きの遷移を表し，破線で表された状態の遷移は入力が 1 のときの遷移を表す．さらに，矢印の横の記号は出力 (C_{0j}, C_{1j}) を表す．この状態遷移図より，任意の情報記号系列が与えられたときの符号系列が容易に求められる．例えば，初期状態を $S_0 = (00)$ とし，情報記号系列を (01101100) とすると，符号系列は (0011101000101011) となる．

このような状態の遷移を時間経過にしたがって記述したのが，**図 5·10** に示す**トレリス線図**（trellis diagram）である．図 5·10 において 4 つの各行は 4 つの状態を表し，各列は時間経過を表す．なお，図 5·10 では状態 S_0 から始まって

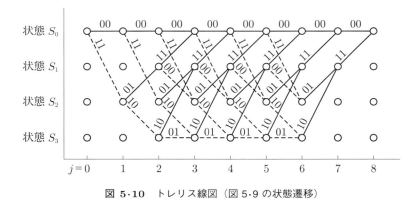

図 5·10 トレリス線図（図 5·9 の状態遷移）

状態 S_0 で終端するように系列 $(x_1\,x_2\,x_3\,x_4\,x_5\,x_6\,0\,0)$ を入力した場合の状態遷移を表している．実線は入力が 0 のときの，破線は入力が 1 のときの遷移を表す．初期状態 S_0 から最終状態 S_0 へ至る道は 64 通りあり，それぞれが符号語に対応している．このトレリス線図を用いて，受信系列の復号を考えてみよう．

いま，系列 $\boldsymbol{v} = (1011111000001011)$ が受信されたとする．通信路が 2 元対称通信路であるとすると，最尤復号とは 64 個の符号系列の中で系列 $\boldsymbol{v}$ にハミング距離が最も近い符号系列を見つけることである．図 5·10 のトレリス線図における各時点間の出力記号の代わりに，各時点間の出力系列とそれに対応する受信系列 $\boldsymbol{v}$ の部分系列とのハミング距離を記述したトレリス線図を**図 5·11** に示す．

このハミング距離が状態間の距離であるとすると，系列 $\boldsymbol{v}$ にハミング距離が最も近い符号系列を探す問題は，図 5·11 において，初期状態 S_0 から最終状態 S_0 までの最短の道を見つける問題と考えることができる．時点 $j-1$ と時点 j の間での状態 S_i と状態 S_m の間の道 $B_j(S_i, S_m)$ の出力系列と，それに対応する受信系列 $\boldsymbol{v}$ の部分系列とのハミング距離を $d_j(S_i, S_m)$ とする．いま，初期状態 S_0 から時点 $j-1$ における状態 S_i までの最短の道 $P_i(j-1)$ が求まったとし，その距離を $D_i(j-1)$ とすると，初期状態 S_0 から時点 j における状態 S_m までの最短の道 $P_m(j)$ ならびにその距離 $D_m(j)$ は，$D_i(j-1) + d_j(S_i, S_m)$ が最小

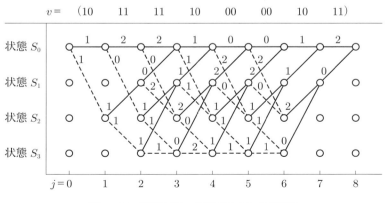

図 5·11 受信系列 $\boldsymbol{v}$ に対するトレリス線図

の i に対して

$$P_m(j) = P_i(j-1) * B_j(S_i, S_m) \tag{5・61}$$
$$D_m(j) = D_i(j-1) + d_j(S_i, S_m) \tag{5・62}$$

で求められる．ここで，記号 "$*$" は道の連結を表す．以上の手順を最終状態 S_0 に至るまで繰り返すと，最終時点 j_{end} での $P_0(j_{\text{end}})$ が，求める符号系列（情報記号系列）である．

図 5・12 に最短の道 $P_0(j_{\text{end}})$ の探索結果を示す．各時点間の道の数字は $d_j(S_i, S_m)$ を表し，各時点における状態の，記号 "◯" の中の数字は $D_m(j)$ を表す．また，太線は $P_m(j)$ を表す．

$j_{\text{end}} = 8$ であるので，$P_0(8)$ が求める符号系列であり，情報記号系列は (01101100) であることがわかる．

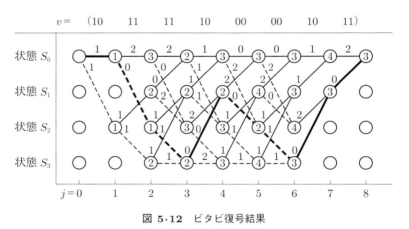

図 5・12 ビタビ復号結果

図 5・11 の例では受信系列の記号は 0 か 1 としたが，受信系列の記号が 0 から 1 の範囲の値をとりうるとして，ビタビ復号を行うことができる．例えば，$v = (0.6\ 0.2\ 0.8\ 0.9\ 0.9\ 0.7\ 0.6\ 0.1\ 0.2\ 0.4\ 0.3\ 0.4\ 0.9\ 0.0\ 1.0\ 0.8)$ という受信系列が与えられたとする．このとき，各時点間の符号器の出力系列とそれに対応する受信系列 v の部分系列との距離として，ハミング距離の代わりにユークリッド距離（あるいは差の絶対値の和）を用いて，初期状態 S_0 から最終状態 S_0

までの最短の道を見つける．このような，受信記号が0と1以外の値もとりうるとして復号する方法を**軟判定復号**（soft decision decoding）という．

これに対して，受信記号が0と1だけであるとして復号する方法を**硬判定復号**（hard decision decoding）という．

通信路が加法的ガウス通信路であるとすると，軟判定ビタビ復号法は，受信系列 v にユークリッド距離が最も近い符号系列を見つける最尤復号法である．通信路が加法的ガウス通信路の場合には，軟判定復号のほうが硬判定復号よりも誤り訂正能力が高い．これは，硬判定復号の場合，受信信号の値（実数値）を0と1に置き換えた時点で受信信号の情報の一部が欠落するからである．

パンクチャドたたみ込み符号のビタビ復号に際しては，削除された（パンクチャされた）ビットを消失誤り（値 0.5）として挿入し，元の符号化率 1/2 のたたみ込み符号に戻してからビタビ復号を行う．

5.8 連接符号

連接符号（concatenated code）は，リード・ソロモン符号のようなシンボル誤りを訂正する符号と，たたみ込み符号のようなビット誤りを訂正する符号とによる2重の符号化により構成される符号であり，それぞれを単体で利用する場合以上の誤り訂正効果が得られる．

リード・ソロモン符号とたたみ込み符号とを用いた連接符号化の流れを図 5.13 に示す．通信路に近いほうの符号を**内符号**（inner code），情報源に近いほうの符号を**外符号**（outer code）と呼ぶ．

外符号に $GF(2^m)$ の上の符号化率 K/N の符号を，内符号に $GF(2)$ の上の符号化率 k/n の符号を用いた場合，連接符号の符号化率は kK/nN である．

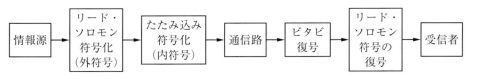

図 5.13 連接符号化

110 5 章 誤り訂正符号

　地上デジタル放送では，外符号に $GF(2^8)$ の上の符号長 204 シンボル，情報記号 188 シンボル，訂正能力 8 シンボルの短縮化リード・ソロモン符号を，内符号にたたみ込み符号を用いた連接符号が使われている．たたみ込み符号の符号化率は，1/2, 2/3, 3/4, 5/6, 7/8 の中から選べるようになっている．また，符号化率 1/2 のたたみ込み符号は，表 5·14 の拘束長 7 の符号が使われている．それ以外の符号化率のたたみ込み符号には，表 5·15 のパンクチャリング行列からつくられるパンクチャドたたみ込み符号が使われている．短縮化リード・ソロモン符号は，188 シンボルの情報記号の先頭に 51 シンボルの 0 を付加して 239 シンボルの情報記号をつくり，これをリード・ソロモン符号化して，符号長 255 シンボルの符号語に符号化した後，先頭の 51 シンボルを捨てて 204 シンボルにすることで生成している．

　また，地上デジタル放送では，外符号化と内符号化の間に，インターリーブと呼ばれる処理を施して，リード・ソロモン符号語のシンボルの順序を並び替えてから，たたみ込み符号化を行っている．こうすることにより，ビタビ復号で訂正できなかった誤りを分散させて，リード・ソロモン符号による誤り訂正効果を高めている．

演 習 問 題

(5·1) (11010) からハミング距離が 3 である長さ 5 のベクトルをすべて書け．

(5·2) 3 つの符号語 $u_1 = (101000)$，$u_2 = (010100)$，$u_3 = (000011)$ からなる符号がある．いま，2 元対称通信路に符号語を通したときの受信語が $v = (011110)$ であった．最尤復号法により v を復号し，送信符号語を求めよ．ただし，通信路のビット誤り率 p は $p < 0.5$ であるとする．

(5·3) 通信路容量が 2×10^5［ビット/秒］の通信路がある．送信記号 0 と 1 の所要時間がともに $4\,\mu\mathrm{sec}$ であるとき，この通信路を通して符号長 n ビット，情報記号数 k ビットの通信路符号を用いて，誤りなく情報を伝送できるものとすれば，k/n の最大値はいくらか．

(5·4) 符号の最小距離について次の問に答えよ．

(1) 4 個の誤りを訂正するためには，最小距離はいくらなければならないか．

(2) 最小距離 5 の符号は何個までの誤りを検出できるか.

(3) 最小距離 5 の符号は，1 個の誤りは訂正するものとすれば，2 個から何個までの誤りを検出できるか.

(5・5) パリティ検査行列 H が

$$H = \begin{bmatrix} 0 & 1 & 1 & 0 & 0 \\ 1 & 0 & 0 & 1 & 0 \\ 1 & 1 & 0 & 0 & 1 \end{bmatrix}$$

で与えられる符号がある.

(1) この符号の符号長はいくらか.

(2) この符号の情報記号数はいくらか.

(3) この符号の最小距離はいくらか.

(4) 受信語が (11101) であるとき，誤りを訂正し，正しい符号語を求めよ.

(5・6) 単一誤り訂正ハミング (7, 4) 符号のパリティ検査行列に，要素がすべて 0 の列を付加し，さらに，それに要素がすべて 1 の行を付加してできる行列 H

$$H = \left[\begin{array}{c:ccccccc} 0 & 0 & 0 & 0 & 1 & 1 & 1 & 1 \\ 0 & 0 & 1 & 1 & 0 & 0 & 1 & 1 \\ 0 & 1 & 0 & 1 & 0 & 1 & 0 & 1 \\ \hdashline 1 & 1 & 1 & 1 & 1 & 1 & 1 & 1 \end{array} \right]$$

をパリティ検査行列とする (8, 4) 符号は，単一誤りを訂正し，かつ 2 つの誤りを検出できることを示せ．なお，この符号を単一誤り訂正・2 重誤り検出符号という.

(5・7) 符号長 5 ビット，情報記号数 4 ビットの単一パリティ検査符号を，ビット誤り率 p の 2 元対称通信路を通して送る.

(1) 符号語が正しく受信される確率 P_c を求めよ.

(2) 符号語内の誤りが検出される確率 P_d を求めよ.

(3) 符号語内の誤りが検出されずに，見逃される確率 P_e を求めよ.

(5・8) 単一誤り訂正 (7, 4) ハミング符号を，4 章の演習問題 4・3（66 ページ）の通信路に適用した場合，通信路容量に等しい伝送速度で，しかも誤りのない通信ができることを示せ.

112 5章 誤り訂正符号

(5・9) 生成多項式 $g(x) = x^3 + x + 1$ の巡回ハミング符号の受信語が $v(x) = x^6 + x^2 + x$ であるとき,この受信語を復号せよ.

(5・10) 原始元 α が $\alpha^3 + \alpha + 1 = 0$ であるガロア体 $GF(2^3)$ の上の,符号長 7 シンボルの単一誤り訂正リード・ソロモン符号を考える.

    (1) 長さ 15 ビットの 2 元系列 (101001111100001) を 3 ビットずつ区切って 5 シンボルの系列とみなしてリード・ソロモン符号化し,符号長 21 ビットの符号語を求めよ.

    (2) 長さ 21 ビットで表されたリード・ソロモン符号語 (110001110111110111110) の誤りを訂正して,正しい符号語を 2 元系列で表せ.

6 連続的通信系

前章までは離散的通報と符号化について論じてきた．抽象化された離散的通信系といっても，実際の伝搬路は連続的通信路であって，連続的な電気信号が流れている．

本章では，このような連続的通報と連続的通信路について論じる．

6·1 標本化定理

電気信号は時間的に連続な関数 $f(t)$ として表すことができる．一般に関数値も連続値である．このような時間的に連続な信号を取り扱う場合，すべての時刻における信号値（関数値）を取り扱うことは不可能である．

ところが，次に述べる標本化定理によれば，時間的に連続な信号も離散的な飛びとびの時刻における信号値の系列で表現でき，両者は等価であることが示される．したがって，時間的に連続な信号も，ベクトル的な表現が行えることになる．

信号の変化の急激さは，その信号に含まれる最高周波数によって決まるので，帯域が制限された信号は，その最高周波数により変化の激しさに制限を受ける．したがって，信号に含まれる最高周波数に応じた時間間隔の信号値を与えれば，それらの信号値をその最高周波数に応じた滑らかさで結ぶ関数が一意的に決定できることになる．

標本化定理は，飛びとびの時刻における信号値により元の連続的な信号が一意的に決定できるための，時間間隔と最高周波数の関係を与えるものである．

114 | 6章 連続的通信系

> **標本化定理** 信号 $f(t)$ が W［Hz］以上の周波数成分を含まない帯域制限信号であるとき，$f(t)$ は $1/(2W)$［秒］の時間間隔で指定された関数値（**標本値**）により一意的に決定され，$t = n/(2W)(n = 0, \pm1, \pm2, \cdots)$ の時点の標本値 $f(n/(2W))$ を用いて次のように表される．
>
> $$f(t) = \sum_{n=-\infty}^{\infty} f\left(\frac{n}{2W}\right) \frac{\sin 2\pi W\left(t - \frac{n}{2W}\right)}{2\pi W\left(t - \frac{n}{2W}\right)} \qquad (6\cdot1)$$

（証明） 周波数帯域が W［Hz］以下に制限されている信号 $f(t)$ のフーリエ変換は

$$f(t) = \frac{1}{2\pi} \int_{-2\pi W}^{2\pi W} F(\omega) e^{j\omega t} d\omega \qquad (6\cdot2)$$

と書ける．ここで，$F(\omega)$ は $-2\pi W \leqq \omega \leqq 2\pi W$ の範囲でだけ値をもち，その他の範囲で 0 であるから，$F(\omega)$ を $-2\pi W \leqq \omega \leqq 2\pi W$ の範囲でフーリエ級数に展開する．$F(\omega)$ をフーリエ級数展開すると

$$F(\omega) = \sum_{n=-\infty}^{\infty} c_n e^{jnz\omega} \qquad \left(z = \frac{2\pi}{4\pi W} = \frac{1}{2W}\right) \qquad (6\cdot3)$$

となり，フーリエ級数の係数 c_n は

$$c_n = \frac{1}{4\pi W} \int_{-2\pi W}^{2\pi W} F(\omega) e^{-j\omega \frac{n}{2W}} d\omega \qquad (6\cdot4)$$

である．式 $(6\cdot2)$ より

$$f\left(-\frac{n}{2W}\right) = \frac{1}{2\pi} \int_{-2\pi W}^{2\pi W} F(\omega) e^{-j\omega \frac{n}{2W}} d\omega \qquad (6\cdot5)$$

であるから，式 $(6\cdot4)$ より

$$c_n = \frac{1}{2W} f\left(-\frac{n}{2W}\right) \qquad (6\cdot6)$$

と表される．したがって

$$f(t) = \frac{1}{2\pi} \int_{-2\pi W}^{2\pi W} F(\omega) e^{j\omega t} d\omega = \frac{1}{2\pi} \int_{-2\pi W}^{2\pi W} \left\{ \sum_{n=-\infty}^{\infty} c_n e^{j\frac{n}{2W}\omega} \right\} e^{j\omega t} d\omega$$

$$= \frac{1}{2\pi} \int_{-2\pi W}^{2\pi W} \left\{ \sum_{n=-\infty}^{\infty} c_{-n} e^{-j\frac{n}{2W}\omega} \right\} e^{j\omega t} d\omega$$

$$= \frac{1}{2\pi} \sum_{n=-\infty}^{\infty} \frac{1}{2W} f\left(\frac{n}{2W}\right) \int_{-2\pi W}^{2\pi W} e^{j\omega\left(t-\frac{n}{2W}\right)} d\omega$$

$$= \frac{1}{4\pi W} \sum_{n=-\infty}^{\infty} f\left(\frac{n}{2W}\right) \frac{2 \sin 2\pi W \left(t-\frac{n}{2W}\right)}{t-\frac{n}{2W}}$$

$$= \sum_{n=-\infty}^{\infty} f\left(\frac{n}{2W}\right) \frac{\sin 2\pi W \left(t-\frac{n}{2W}\right)}{2\pi W \left(t-\frac{n}{2W}\right)} \tag{6.7}$$

となる. ■

　標本化定理は，「離散的な飛びとびの時刻における標本値の系列」と，「すべての時刻において値が定義されている時間的に連続な関数」とが等価であることを示している重要な定理である.

　ここで，$1/(2W)$ 秒ずつ離れた標本値だけで時間 t の全域にわたって $f(t)$ の値が決まるのは，$f(t)$ の最高周波数が有限であるからである.

　すなわち，$f(t)$ の最高周波数により関数の変化の急激さが制限されるため，各標本点を結ぶ関数の形が一意的に決められるのである.

【例題 6・1】　最高周波数が 20 kHz で，10 分間持続する信号がある. この信号を標本化定理に基づき標本化すると，何個の標本値で表されるか.

【解】　最高周波数が 20 kHz=20 000 Hz であるので，標本値間の時間間隔は

$$\tau = 1/(2 \times 20\,000) \quad [秒]$$

である. この信号は T=10 分=600 秒持続するから，標本値の総数は

$$T/\tau = 600 \times 2 \times 20\,000 = 24\,000\,000$$

である.

6・2 連続的情報源とエントロピー

6・2・1 連続信号のエントロピー

標本化定理によれば，連続信号は標本値の系列で表されることを示した．この標本値の系列を連続的通報と呼ぶ．連続的通報の1つの標本値に注目すると，これは連続的確率変数と考えられる．この確率変数の確率密度関数を $p(x)$ とする．すると，標本値が $x \sim x + \Delta x$ の間にある確率 P は

$$P = \int_x^{x+\Delta x} p(x)dx \approx p(x)\Delta x \tag{6・8}$$

で与えられる．そこで，標本値のとりうる範囲を幅 Δx ずつの区間に分割し，各区間を $x_1, x_2, \cdots$ とすると，1つの標本値が $x_i \sim x_i + \Delta x$ の間にある確率 P_i は近似的に $P_i \approx p(x_i)\Delta x$ で与えられる． $\sum_i P_i = 1$ であるから，離散的な場合の極限 $(\Delta x \to 0)$ として連続量のエントロピーを導いてみよう．

1つの標本値が $x_i \sim x_i + \Delta x$ の間にある事象に関するエントロピーは

$$\begin{aligned}
H &= -\sum_i P_i \log_2 P_i \\
&= -\sum_i \{p(x_i)\Delta x\} \log_2\{p(x_i)\Delta x\} \\
&= -\sum_i \{p(x_i)\Delta x\} \log_2 p(x_i) - \sum_i \{p(x_i)\Delta x\} \log_2 \Delta x
\end{aligned} \tag{6・9}$$

と書ける．ここで，$\Delta x \to 0$ とするとともに区間の個数を増やすと

$$\begin{aligned}
H &= -\int_{-\infty}^{\infty} p(x) \log_2 p(x)dx - \lim_{\Delta x \to 0} \log_2 \Delta x \int_{-\infty}^{\infty} p(x)dx \\
&= -\int_{-\infty}^{\infty} p(x) \log_2 p(x)dx - \lim_{\Delta x \to 0} \log_2 \Delta x
\end{aligned} \tag{6・10}$$

となる．ところが，式 (6・10) の第2項は $-\lim_{\Delta x \to 0} \log_2 \Delta x \to \infty$ となり発散する．ここで，第1項は確率密度関数に依存する量であるのに対して，第2項は確率分布に関係しないで，x が連続であることにより生じる発散項であるから，

6・2 連続的情報源とエントロピー　117

式 (6・10) の第 1 項だけで連続量のエントロピーを定義する.

> **定義 6・1**　確率密度関数が $p(x)$ で与えられる標本値のエントロピー $H(X)$ を
>
> $$H(X) = -\int_{-\infty}^{\infty} p(x) \log_2 p(x) dx \quad [\text{ビット}/\text{標本値}] \qquad (6・11)$$
>
> とする.

同様に，連続的通報の 1 標本値当たりの条件付きエントロピーが次のように定義できる.

> **定義 6・2**　標本値 Y の確率密度関数が $p(y)$，標本値 X と標本値 Y の条件付き確率密度関数が $p(x|y)$ であるとき，X と Y の条件付きエントロピー $H(X|Y)$ を
>
> $$H(X|Y) = -\int_{-\infty}^{\infty} \int_{-\infty}^{\infty} p(y)p(x|y) \log_2 p(x|y) dxdy$$
> $$[\text{ビット}/\text{標本値}] \qquad (6・12)$$
>
> とする.

これらのエントロピーは，離散的通報のエントロピーの自然な拡張として導かれたのではないため，離散的通報のエントロピーと異なる性質をもっている. 例えば，連続量のエントロピーは正にも負にもなり，その値自体にはあまり意味がない.

【例題 6・2】　標本値が区間 (a, b) で一様に分布する信号のエントロピーを求めよ.

【解】　標本値が区間 (a, b) で一様に分布する信号の確率密度関数 $p(x)$ は

$$p(x) = \begin{cases} 1/(b-a) & (a < x < b) \\ 0 & (\text{上記以外}) \end{cases} \qquad (6・13)$$

と表されるから，式 (6・13) を式 (6・11) に代入すれば，エントロピーは

$$H(X) = -\int_a^b \frac{1}{b-a} \log_2 \frac{1}{b-a} dx = \log_2(b-a)$$

$$[\text{ビット/標本値}] \qquad (6\cdot14)$$

となる.

【例題 6・3】 ガウス信号（標本値の確率密度関数がガウス分布である信号）の
エントロピーを求めよ.

【解】 ガウス信号の確率密度関数 $p(x)$ は

$$p(x) = \frac{1}{\sqrt{2\pi}\sigma} \exp\left\{-\frac{(x-m)^2}{2\sigma^2}\right\} \quad (-\infty < x < \infty) \qquad (6\cdot15)$$

で与えられる. ここに, m は平均値, σ^2 は分散である.

式 $(6\cdot15)$ を式 $(6\cdot11)$ に代入すれば, エントロピーは

$$\begin{aligned}
H(X) &= -\int_{-\infty}^{\infty} \frac{1}{\sqrt{2\pi}\sigma} e^{-\frac{(x-m)^2}{2\sigma^2}} \log_2 \frac{1}{\sqrt{2\pi}\sigma} e^{-\frac{(x-m)^2}{2\sigma^2}} dx \\
&= \int_{-\infty}^{\infty} p(x) \log_2 \frac{1}{\sqrt{2\pi}\sigma} dx - \int_{-\infty}^{\infty} p(x) \log_2 e^{-\frac{(x-m)^2}{2\sigma^2}} dx \\
&= -\log_2 \frac{1}{\sqrt{2\pi}\sigma} - \log_2 e \int_{-\infty}^{\infty} \left(-\frac{(x-m)^2}{2\sigma^2}\right) p(x) dx \\
&= \log_2 \sqrt{2\pi}\sigma + \frac{1}{2\sigma^2} \log_2 e \int_{-\infty}^{\infty} (x-m)^2 p(x) dx
\end{aligned}$$

となる. ここで,

$$\int_{-\infty}^{\infty} p(x) dx = 1 \qquad (6\cdot16)$$

$$\int_{-\infty}^{\infty} (x-m)^2 p(x) dx = \sigma^2 \qquad (6\cdot17)$$

であるから

$$\begin{aligned}
H(X) &= \log_2 \sqrt{2\pi}\sigma + \frac{1}{2} \log_2 e \\
&= \log_2 \sqrt{2\pi e\sigma^2} \quad [\text{ビット/標本値}] \qquad (6\cdot18)
\end{aligned}$$

となる.

6·2·2　平均電力が制限された信号の最大エントロピー

離散的通報の場合，エントロピーが最大になるのは，各記号がどれも同じ確率で生起するときであった．ところが，連続的通報の場合，標本値に何の制限も設けなければ最大エントロピーは無限大になってしまう．例えば，例題 6·2 で $a = -\infty$，$b = \infty$ とするとエントロピーは無限大になる．

しかし，実際問題としてこのような信号は非現実的であり，われわれが取り扱う信号には何らかの制限が課せられるのが普通である．われわれが連続的信号を取り扱う場合，最も一般的な制限は信号電力の制限である．

そこで，信号の平均電力が制限されている場合の最大エントロピーと，その信号の確率密度分布を調べてみよう．

信号の平均電力は分散 σ^2 で与えられるので

$$\int_{-\infty}^{\infty} p(x)dx = 1 \tag{6·19}$$

$$\int_{-\infty}^{\infty} x^2 p(x)dx = \sigma^2 \tag{6·20}$$

の条件のもとで

$$H(X) = -\int_{-\infty}^{\infty} p(x)\log_2 p(x)dx \tag{6·21}$$

を最大にする分布 $p(x)$ を求める．λ，μ をラグランジュの定数として

$$F = H(X) - \lambda\left\{\int_{-\infty}^{\infty} p(x)dx - 1\right\} - \mu\left\{\int_{-\infty}^{\infty} x^2 p(x)dx - \sigma^2\right\}$$

とおく．$p(x)$ が $p(x) + \delta p(x)$ に変化したとき，F が変化する量 δF を求めると

$$\delta F = -\log_2 e \int_{-\infty}^{\infty} \delta\{p(x)\log_e p(x)\}\, dx - \lambda \int_{-\infty}^{\infty} \delta p(x)dx$$

$$- \mu \int_{-\infty}^{\infty} x^2 \delta p(x)dx$$

$$= -\log_2 e \int_{-\infty}^{\infty} \left\{\delta p(x)\log_e p(x) + p(x)\frac{\delta p(x)}{p(x)}\right\}dx$$

$$- \lambda \int_{-\infty}^{\infty} \delta p(x)dx - \mu \int_{-\infty}^{\infty} x^2 \delta p(x)dx$$

$$= -\int_{-\infty}^{\infty} \left\{ \log_2 e \log_e p(x) + \log_2 e + \lambda + \mu x^2 \right\} \delta p(x) dx \qquad (6 \cdot 22)$$

となる．$H(x)$ が最大のときは $\delta F = 0$ が成り立つから

$$\log_2 e \log_e p(x) + \log_2 e + \lambda + \mu x^2 = 0 \qquad (6 \cdot 23)$$

を得る．式 $(6 \cdot 23)$ より

$$p(x) = e^{-(1+\lambda')} e^{-\mu' x^2} \quad (\lambda' = \lambda / \log_2 e, \mu' = \mu / \log_2 e) \qquad (6 \cdot 24)$$

となる．式 $(6 \cdot 24)$ を式 $(6 \cdot 20)$ に代入すると

$$\int_{-\infty}^{\infty} x^2 e^{-(1+\lambda')} e^{-\mu' x^2} dx = \sigma^2 \qquad (6 \cdot 25)$$

を得る．これを解くと

$$\frac{1}{2\mu'} e^{-(1+\lambda')} \int_{-\infty}^{\infty} e^{-\mu' x^2} dx = \sigma^2$$

より

$$\mu' = 1/(2\sigma^2) \qquad (6 \cdot 26)$$

となる．よって

$$p(x) = e^{-(1+\lambda')} e^{-\frac{x^2}{2\sigma^2}} \qquad (6 \cdot 27)$$

となり，$p(x)$ は平均値 0 のガウス分布（正規分布）となることがわかる．

したがって，ガウス分布の式 $(6 \cdot 15)$ より

$$p(x) = \frac{1}{\sqrt{2\pi}\sigma} e^{-\frac{x^2}{2\sigma^2}} \qquad (6 \cdot 28)$$

であることがわかる．以上をまとめると次の定理が得られる．

定理 **6・1** 平均電力が σ^2 以下の信号の，標本値のエントロピーは

$$H(X) \leqq \log_2 \sqrt{2\pi e \sigma^2} \quad [\text{ビット}/\text{標本値}] \qquad (6 \cdot 29)$$

を満たす．ここで，等号は確率密度関数 $p(x)$ が平均値 0，分散 σ^2 のガウス分布のときに成立し，このときエントロピーが最大になる．

6・3　連続的通信路

6・3・1　連続的通信路のモデル

送信信号が $x(t)$，受信信号が $y(t)$ であるような通信路を考える．この通信路には確率密度関数がガウス分布である雑音 $n(t)$ が加わり

$$y(t) = x(t) + n(t) \tag{6・30}$$

が成り立つものとする．雑音 $n(t)$ は送信信号 $x(t)$ と独立であるとする．このような通信路を**加法的白色ガウス通信路**（additive white Gaussian channel）という．

この通信路の条件付き確率密度関数 $p(y|x)$ は

$$p(y|x) = p(x+n|x) = p(n|x) = p(n) = \frac{1}{\sqrt{2\pi N}} e^{-\frac{n^2}{2N}} \tag{6・31}$$

である．ここに，N は白色ガウス雑音の平均電力である．

6・3・2　通信路容量

連続的通報の場合，そのエントロピー自体にはあまり意味がないことをすでに述べた．しかし，エントロピーの差で定義される情報量については式 (6・10) における発散項が相殺されるので，離散値から連続量への自然な拡張となっており，離散的通報の場合とまったく同じ意味付けができる．

そこで，連続的通信路の場合も，離散的通信路の場合とまったく同様に，伝送情報量が相互情報量で定義できる．すなわち，通信路を通して信号を受信すると，信号 $x(t)$ についての不確定さが，$y(t)$ を受信する前の状態 $H(X)$ から $y(t)$ を受信した後の状態 $H(X|Y)$ に減少する．この減少分が受信信号を受け取ったことによって得られる平均の情報量（伝送情報量）である．

伝送情報量は送信信号の確率密度関数 $p(x)$ に依存するので，離散的通信路の場合と同様に，送信信号の確率密度関数 $p(x)$ に関する伝送情報量の最大値を，

通信路容量（channel capacity）と定義する.

通信路容量 C は

$$
\begin{aligned}
C &= \max_{p(x)}\{H(X) - H(X|Y)\} \\
&= \max_{p(x)}\{H(Y) - H(Y|X)\}
\end{aligned} \tag{6.32}
$$

である. 加法的白色ガウス通信路の場合, 式 (6.31) より

$$
H(Y|X) = H(N)
$$

であるから, 通信路容量は

$$
\begin{aligned}
C &= \max_{p(x)}\{H(Y) - H(Y|X)\} \\
&= \max_{p(x)}\{H(Y) - H(N)\} \\
&= \max_{p(x)} H(Y) - H(N) \quad [\text{ビット}/\text{標本値}]
\end{aligned} \tag{6.33}
$$

と書ける. ここで, 送信信号の平均電力を S, 白色ガウス雑音の平均電力を N とすると, 受信信号の平均電力は $S+N$ であるから, 定理 6・1（120 ページ）および式 (6・18)（118 ページ）より式 (6・33) は

$$
\begin{aligned}
C &= \log_2 \sqrt{2\pi e(S+N)} - \log_2 \sqrt{2\pi e N} \\
&= \log_2 \sqrt{(S+N)/N} \quad [\text{ビット}/\text{標本値}]
\end{aligned} \tag{6.34}
$$

となる.

通信路の帯域を W [Hz] とすると, この通信路を流れる信号の最高周波数は W [Hz] であり, この信号は 1 秒間に $2W$ 個の標本値により伝送できる. したがって, 帯域が W [Hz] の通信路の 1 秒当たりの通信路容量は

$$
\begin{aligned}
C &= 2W \log_2 \sqrt{(S+N)/N} \\
&= W \log_2 \left(1 + \frac{S}{N}\right) \qquad [\text{ビット}/\text{秒}]
\end{aligned} \tag{6.35}
$$

6.3　連続的通信路　123

となる.

以上，まとめると次の定理が得られる.

> **定理** 6·2　帯域が W [Hz]，送信信号の平均電力が S，白色ガウス雑音の平均電力が N の加法的白色ガウス通信路の通信路容量は
>
> $$C = W \log_2 \left(1 + \frac{S}{N} \right) \qquad [ビット/秒] \qquad (6\cdot36)$$
>
> で与えられる.

式 (6·36) からわかるように，加法的白色ガウス通信路の通信路容量は通信路の帯域と信号対雑音比（SN 比）により決まり，通信路容量は帯域に比例して増えるが，送信信号の電力を増やしても通信路容量は対数的に増えるにすぎないことがわかる.

白色雑音では電力スペクトル密度を K とすると $N = KW$ であるから，通信路の帯域を大きくするとそれにつれて雑音電力 N も大きくなり，$W \to \infty$ のときの通信路容量の極限値 C_∞ は

$$C = W \log_2 \left(1 + \frac{S}{KW} \right) = \frac{S}{K} \frac{KW}{S} \log_2 \left(1 + \frac{S}{KW} \right)$$
$$= \frac{S}{K} \log_2 \left(1 + \frac{S}{KW} \right)^{\frac{KW}{S}}$$

より

$$C_\infty = \frac{S}{K} \log_2 e \approx 1.44 \frac{S}{K} \quad (W \to \infty) \qquad (6\cdot37)$$

となり，これが送信電力が S に制限された加法的白色ガウス通信路の通信路容量の限界である.

通信路容量（C/C_∞）と帯域（KW/S）との関係を**図 6·1** に示す.

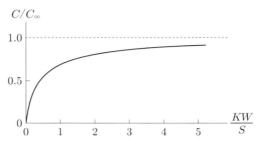

図 6·1 通信路容量と帯域の関係

演 習 問 題

(6·1) x の存在範囲が $-a \leq x \leq a$ に制限されているとき，エントロピーを最大にする確率密度関数 $p(x)$ は

$$p(x) = 1/(2a)$$

であることを示せ．

(6·2) $p(x) = 0\ (x < 0)$ かつ $a = \int_0^\infty xp(x)dx$ であるとき，エントロピーを最大にする確率密度関数 $p(x)$，およびそのときのエントロピー H は

$$p(x) = \frac{1}{a}e^{-\frac{x}{a}}, \quad H = \log_2 ea$$

であることを示せ．

(6·3) 帯域幅 10 MHz の通信路がある．受信端での電力 SN 比が 40 dB であるとき，原理上，最大毎秒何ビットで伝送可能か．また，電力 SN 比を 50 dB にし，最大伝送速度を維持するものとすれば，帯域幅は原理上何 MHz まで圧縮できるか．

(6·4) 送信電力 P_t のアンテナから放射された電波を自由空間中で距離 $d\,[\mathrm{m}]$ 離れた点で受信したときの受信電力 P_r は

$$P_r = P_t(4\pi A_t/\lambda^2)(A_r/4\pi d^2)$$

で与えられる．ここに，A_t, A_r はそれぞれ送信アンテナと受信アンテナの有効開口面積であり，λ は無線周波数帯の波長である．いま

$$P_r = 25P_t/d^2$$

であるとすると，火星近くを通る宇宙船が伝送速度 1 ビット/秒でデータを地球に伝送する場合，送信機の出力は少なくとも何ワット以上でなければならないか．ただし，火星〜地球間の距離を 10^8 km，受信機雑音は $50°$K の実効温度に相当する熱雑音（ガウス雑音）であるとする．

(6·5) 連続信号 x を $y = f(x)$ により連続信号 y に変換する．連続信号 x の確率密度関数を $p(x)$ とするとき，連続信号 y のエントロピー $H(Y)$ を連続信号 x のエントロピー $H(X)$ で表せ．

Memo

付録　代数学の基礎

符号理論に関係する代数学の概念について説明する.

付1　群（group）

群は，要素間で1つの演算が定義され，その演算が次の公理 G1 から公理 G4 を満たすような要素の集合 G である．群の要素を a, b, c とするとき，演算は通常，簡素化のために $c = a + b$ あるいは $c = a \times b$ のように表される．しかし，これらの演算は通常の数値の和あるいは積である必要はない.

［公理 G1］　閉包性

　　　　　集合 G の任意の要素を a, b とし, 演算を加法で表すとき, $c = a + b$ もまた集合 G の要素となる.

［公理 G2］　結合法則

　　　　　演算を加法で表すとき，集合 G の任意の要素 a, b, c に対して，$(a + b) + c = a + (b + c)$ が成り立つ.

［公理 G3］　単位要素の存在

　　　　　演算が加法で書かれるとき，集合 G の任意の要素 a に対して，$a + 0 = 0 + a = a$ なる要素 0（単位要素）が存在する.

　　　　　　演算が乗法で書かれるとき，集合 G の任意の要素 a に対して，$a \times 1 = 1 \times a = a$ なる要素 1（単位要素）が存在する.

［公理 G4］　逆要素の存在

　　　　　演算が加法で書かれるとき，集合 G の任意の要素 a に対して，$a + \bar{a} = \bar{a} + a = 0$ なる要素 $\bar{a}$（逆要素）が存在する.

　　　　　　演算が乗法で書かれるとき，集合 G の任意の要素 a に対して，$a \times a^{-1} = a^{-1} \times a = 1$ なる要素 a^{-1}（逆要素）が存在する.

上の4つの公理に加えて，次の公理 G5 も満たすとき，その群は**可換群**あるいは**アーベル群**と呼ばれる.

128 | 付録　代数学の基礎

［公理 G5］　交換法則

演算を加法で表すとき，群の任意の要素 a, b に対して $a+b=b+a$ が成り立つ．

群の要素の数が有限のとき，その群を有限群といい，無限のとき無限群という．また，有限群の要素の個数を**位数**（order）という．

【**例題 1**】　次の集合は通常の加法の演算のもとで群になるかを調べよ．

(1)　自然数の集合　　　(2)　自然数と 0 の集合　　　(3)　整数と 0 の集合

(4)　有理数の集合

【**解**】　(1)　公理 G3，G4 を満たさないから群ではない．

(2)　公理 G4 を満たさないから群ではない．

(3)，(4) は公理 G1 から公理 G5 を満たすから可換群である．

付 II　　環（ring）

環は，要素間で 2 つの演算が定義され，それらの演算が次の公理 R1 から公理 R4 を満たすような要素の集合 R である．

1 つの演算を加法で表し，もう 1 つの演算を乗法で表す．

［公理 R1］　集合 R は加法のもとで可換群をなす．

［公理 R2］　閉包性

集合 R の任意の要素を a, b とするとき，乗法の演算のもとで，$c=a \times b$ もまた集合 R の要素となる．

［公理 R3］　結合法則

集合 R の任意の要素 a, b, c に対して，$a \times (b \times c) = (a \times b) \times c$ が成り立つ．

［公理 R4］　分配法則

集合 R の任意の要素 a, b, c に対して，$a \times (b+c) = a \times b + a \times c$ および $(b+c) \times a = b \times a + c \times a$ が成り立つ．

上の 4 つの公理に加えて，次の公理 R5 も満たすとき，その環は**可換環**と呼

ばれる.

　　［公理 R5］　交換法則

　　　　　環の任意の要素 a, b に対して，$a \times b = b \times a$ が成り立つ.

【例題 2】　次の集合は，通常の加法と乗法の演算のもとで環になるかを調べよ.

　　(1)　整数と 0 の集合　　　(2)　有理数の集合　　　(3)　実数の集合

【解】　(1)，(2)，(3) はいずれも公理 R1 から公理 R5 を満たすから可換環である.

付 III　　体（field）

体は，要素間で 2 つの演算が定義され，それらの演算が次の公理 F1 から公理 F3 を満たすような要素の集合 F である．1 つの演算を加法で表し，もう 1 つの演算を乗法で表す.

　　［公理 F1］　集合 F は加法と乗法のもとで可換環をなす.

　　［公理 F2］　乗法に関する単位要素が存在する.

　　［公理 F3］　0 でない，すべての要素に対して，乗法の逆要素が存在する.

【例題 3】　次の集合は，通常の加法と乗法の演算のもとで体になるかを調べよ.

　　(1)　整数と 0 の集合　　　(2)　有理数の集合　　　(3)　実数の集合

【解】　(1)　公理 F3 を満たさないから体ではない.

　　　　(2)，(3) は公理 F1 から公理 F3 を満たすから体である.

付 IV　　拡　大　体（extension field）

体 F に，その体に存在しない新たな要素を付加して，その要素も含む，より大きな体 F_m をつくることができる．このとき，もとになる体 F を**基礎体**，新たな要素を付加された体 F_m を**拡大体**という.

例えば，基礎体として**実数体**（実数の集合）を考える．方程式 $x^2 + 1 = 0$ の根は実数体の中には存在しない．そこで実数体の中に存在しない $x^2 + 1 = 0$ の根を i とおいて，実数と i を含む新たな集合を考える．この集合が体になるように実数と i の演算結果もこの集合の要素に含める．すなわち，任意の実数 a, b に対して，$a + b \times i$ もこの集合の要素とする．すると $a + b \times i$（a, b は実数）

130 付録　代数学の基礎

なる要素からなる新たな体がつくれる.

　この体は部分集合として実数体を含んでいるので，実数体を基礎体とする拡大体である．この拡大体は**複素数体**と呼ばれている.

付Ⅴ　有　限　体（finite field）

　要素の個数が有限な体を**有限体**あるいは**ガロア体**という．上に述べた実数体や複素数体は無限体である．有限体は，要素の個数が素数あるいは素数のべきのとき，かつ，そのときに限り存在する.

　要素の個数が素数 p で，$0, 1, \cdots, p-1$ の要素からなる集合は p を法とする演算のもとで体になる．例えば，0，1，2 の 3 個の要素からなる集合は 3 を法とする加法，乗法のもとで体になる.

　この演算表を**付表 1** に示す.

　しかし，**付表 2** に示すように 0，1，2，3 の 4 個の要素からなる集合は 4 を法とする加法，乗法のもとでは体にならない．これは，乗法に関する 2 の逆要素が存在しないからである．ところが，表 5·10（90 ページ）に示したように，別の演算を定義すれば，4 つの要素からなる体をつくることができる.

付表 1　3 を法とする演算表

加　算

+	0	1	2
0	0	1	2
1	1	2	0
2	2	0	1

乗　算

×	0	1	2
0	0	0	0
1	0	1	2
2	0	2	1

付表 2　4 を法とする演算表

加　算

+	0	1	2	3
0	0	1	2	3
1	1	2	3	0
2	2	3	0	1
3	3	0	1	2

乗　算

×	0	1	2	3
0	0	0	0	0
1	0	1	2	3
2	0	2	0	2
3	0	3	2	1

付VI 多項式環 (polynomial ring)

体 F の要素を係数とする多項式を F の上の多項式という．多項式間の係数の演算を体 F の演算とすると，F の上の多項式の集合は加法，乗法のもとで環になる．これを**多項式環**という．

F の上の多項式の集合が体にならないのは乗法に関する逆要素が存在しないからである．

Memo

演習問題解答

2章

(2·1) 近視であることを A，近視でないことを $\bar{A}$，眼鏡をかけていることを B とすると

$$P(A) = 0.4, \quad P(\bar{A}) = 0.6, \quad P(B|A) = 0.8, \quad P(B|\bar{A}) = 0.05$$

であるから，求める確率 $P(A|B)$ は

$$\begin{aligned}
P(A|B) &= \frac{P(A, B)}{P(B)} = \frac{P(A)P(B|A)}{P(B)} \\
&= \frac{P(A)P(B|A)}{P(A)P(B|A) + P(\bar{A})P(B|\bar{A})} \\
&= \frac{0.4 \times 0.8}{0.4 \times 0.8 + 0.6 \times 0.05} = 0.91
\end{aligned}$$

である．

(2·2) $H = -0.6 \log_2 0.6 - 0.3 \log_2 0.3 - 0.1 \log_2 0.1 = 1.30$ ［ビット］

(2·3) 性別を X，数学の好き嫌いを Y とする．男子を x_0，女子を x_1 とし，数学の好きな者を y_0，嫌いな者を y_1 とすると

$$\begin{cases}
P(x_0) = 30/50 = 3/5, & P(x_1) = 20/50 = 2/5 \\
P(y_0|x_0) = 20/30 = 2/3, & P(y_0|x_1) = 5/20 = 1/4 \\
P(y_0) = 25/50 = 1/2, & P(y_1) = 25/50 = 1/2
\end{cases}$$

であるから，相互情報量は

$$\begin{aligned}
I(X;Y) &= H(X) - H(X|Y) = H(Y) - H(Y|X) \\
&= -(1/2)\log_2(1/2) - (1/2)\log_2(1/2) \\
&\quad + (3/5)\{(2/3)\log_2(2/3) + (1/3)\log_2(1/3)\} \\
&\quad + (2/5)\{(1/4)\log_2(1/4) + (3/4)\log_2(4/3)\} \\
&= 0.125 \quad ［ビット］
\end{aligned}$$

である．

| 134 | 演習問題解答 |

(2・4) (1) **解図 2・1**

(2)
$$P(S_0) = 0.8P(S_0) + 0.5P(S_1) + 0.5P(S_2)$$
$$(2\cdot1)$$
$$P(S_1) = 0.2P(S_0) + 0.4P(S_1) + 0.5P(S_2)$$
$$(2\cdot2)$$
$$P(S_2) = 0.1P(S_1) \tag{2\cdot3}$$
$$P(S_0) + P(S_1) + P(S_2) = 1 \tag{2\cdot4}$$

であるから，式 $(2\cdot2)\sim(2\cdot4)$ を連立させて解くと

$$P(S_0) = 5/7, \quad P(S_1) = 20/77, \quad P(S_2) = 2/77$$

である．

解図 2・1

(3)
$$\begin{cases} H(A|S_0) = -0.8\log_2 0.8 - 0.2\log_2 0.2 = 0.722 \\ H(A|S_1) = -0.5\log_2 0.5 - 0.4\log_2 0.4 - 0.1\log_2 0.1 = 1.361 \\ H(A|S_2) = -0.5\log_2 0.5 - 0.5\log_2 0.5 = 1 \end{cases}$$

より

$$H(A) = \frac{5}{7}H(A|S_0) + \frac{20}{77}H(A|S_1) + \frac{2}{77}H(A|S_2)$$
$$= 0.895 \quad [\text{ビット}/\text{記号}]$$

である．

(2・5) (1) 0 の個数はほぼ $0.9n$，1 の個数はほぼ $0.1n$

(2) $P = 0.9^{0.9n}0.1^{0.1n} = 0.722^n$

(3) $H = -0.9\log_2 0.9 - 0.1\log_2 0.1 = 0.469 \quad [\text{ビット}/\text{記号}]$

(4) $P = 2^{-nH} = 2^{-0.469n} = 0.722^n$

(5) $1/P = 2^{nH} = 2^{0.469n} = 1.38^n$

3 章

(3・1) 符号 A は一意復号可能でない．クラフトの不等式も満足しない．一方，符号 B，C，D は一意復号可能である．符号 B，C，D の平均符号長 L_B，L_C，L_D は

$$L_B = 1 \times 0.30 + 2 \times 0.25 + 3 \times 0.20 + 4 \times 0.15 + 4 \times 0.10 = 2.4$$
$$L_C = L_D = 2 \times 0.30 + 2 \times 0.25 + 2 \times 0.20 + 3 \times 0.15 + 4 \times 0.10 = 2.35$$

である．ここで，符号Cは，符号語がすべて符号の木の葉に割り当てられているので瞬時復号可能である．対して，符号Dは瞬時復号可能でない．

以上のことより，符号Cが瞬時復号可能で，かつ，平均符号長が最も短いから最適である．

(3・2) ハフマン符号化を**解図3・1**に示す．1通報当たりの平均符号長 L は

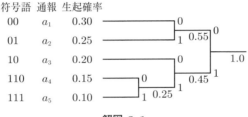

解図 3・1

$$L = 2 \times 0.30 + 2 \times 0.25 + 2 \times 0.20 + 3 \times 0.15 + 3 \times 0.10$$
$$= 2.25 \quad [\text{ビット}/\text{通報}]$$

である．通報のエントロピーは

$$H = -0.3 \log_2 0.3 - 0.25 \log_2 0.25 - 0.2 \log_2 0.2 - 0.15 \log_2 0.15 - 0.1 \log_2 0.1$$
$$= 2.23 \quad [\text{ビット}/\text{通報}]$$

であるから，符号の効率は

$$\eta = H/L = 2.23/2.25 = 0.991$$

である．

(3・3) 情報源符号化定理によれば，平均符号長の下限はエントロピーに等しいから，平均符号長は原理上

$$H(A) = -0.5 \log_2 0.5 - 0.15 \log_2 0.15 - 0.15 \log_2 0.15 - 0.1 \log_2 0.1$$
$$\quad -0.1 \log_2 0.1$$
$$= 1.985 \quad [\text{ビット}/\text{通報}]$$

まで小さくできる．

(3·4) (1) 各通報の生起確率は

$$\begin{cases} P(00) = 0.95 \times 0.95 = 0.9025 \\ P(01) = P(10) = 0.95 \times 0.05 = 0.0475 \\ P(11) = 0.05 \times 0.05 = 0.0025 \end{cases}$$

であるから，**解図 3·2** のように符号化される．

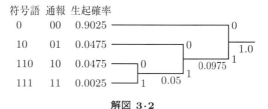

解図 3·2

ここで，1 通報当たりの平均符号長 L_2 は

$$L_2 = 1 \times 0.9025 + 2 \times 0.0475 + 3 \times 0.0475 + 3 \times 0.0025$$
$$= 1.1475 \quad [\text{ビット/通報}]$$

となり，1 情報源記号当たりの平均符号長 L は

$$L = L_2/2 = 0.5738 \quad [\text{ビット/情報源記号}]$$

である．一方，情報源のエントロピーは

$$H = -0.95 \log_2 0.95 - 0.05 \log_2 0.05 = 0.2864 \quad [\text{ビット/情報源記号}]$$

であるから，符号の効率は

$$\eta = H/L = 0.2864/0.5738 = 0.499$$

である．

(2) 各通報の生起確率は

$$\begin{cases} P(1) = 0.05 \\ P(01) = 0.95 \times 0.05 = 0.0475 \\ P(001) = 0.95 \times 0.95 \times 0.05 = 0.0451 \\ P(000) = 0.95 \times 0.95 \times 0.95 = 0.8574 \end{cases}$$

であるから，**解図 3.3** のように符号化される．

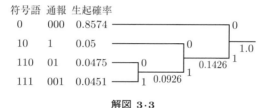

解図 3.3

ここで，1通報当たりの平均符号長 L' は

$$L' = 1 \times 0.8574 + 2 \times 0.05 + 3 \times 0.0475 + 3 \times 0.0451$$
$$= 1.2352 \quad [\text{ビット/通報}]$$

となる．また，1通報当たりの情報源記号の平均長 M は

$$M = 1 \times 0.05 + 2 \times 0.0475 + 3 \times 0.0451 + 3 \times 0.8574$$
$$= 2.8525 \quad [\text{情報源記号/通報}]$$

であるから，1情報源記号当たりの平均符号長 L は

$$L = L'/M = 1.2352/2.8525 = 0.4330 \quad [\text{ビット/情報源記号}]$$

となる．したがって，符号の効率は

$$\eta = H/L = 0.2864/0.4330 = 0.661$$

である．

| 138 | 演習問題解答 |

(3·5) 通信路容量を C とすると，C は

$$2^{-0.1C} + 2^{-0.2C} = 1$$

の正の根である．$2^{-0.1C} = X$ とおくと上式は

$$X^2 + X - 1 = 0$$

と書ける．これを解くと $X = 2^{-0.1C} = 0.618$ である．したがって，伝送速度が最大になるのは

$$P(a_1) = 2^{-0.1C} = 0.618, \quad P(a_2) = 2^{-0.2C} = 0.382$$

のときである．ちなみに通信路容量は $C = 6.94$ ［ビット/秒］である．

4 章

(4·1) $P(y_0) = 0.5 \times 1 + 0.5p = 0.5(1 + p)$，$P(y_1) = 0.5(1 - p)$ であるから，

$$H(Y) = -0.5(1 + p) \log_2 0.5(1 + p) - 0.5(1 - p) \log_2 0.5(1 - p)$$

$$H(Y|X) = -0.5\{1 \times \log_2 1\} - 0.5\{p \log_2 p + (1 - p) \log_2(1 - p)\}$$

$$= -0.5p \log_2 p - 0.5(1 - p) \log_2(1 - p)$$

である．したがって，伝送情報量 J は，

$$J = H(X) - H(X|Y) = H(Y) - H(Y|X)$$

$$= -0.5(1 + p) \log_2 0.5(1 + p) - 0.5(1 - p) \log_2 0.5(1 - p)$$

$$+ 0.5p \log_2 p + 0.5(1 - p) \log_2(1 - p)$$

$$= 1 - 0.5(1 + p) \log_2(1 + p) + 0.5p \log_2 p \quad ［ビット/記号］$$

である．

(4·2) 2 元対称通信路を縦続接続したものはやはり 2 元対称通信路である．ビット誤り率 p の 2 元対称通信路を 2 段縦続接続したときのビット誤り率は

$$(1 - p)p + p(1 - p) = 2p(1 - p)$$

であるから，通信路容量は

$$C = 1 + 2p(1-p)\log_2\{2p(1-p)\} + \{1 - 2p(1-p)\}\log_2\{1 - 2p(1-p)\}$$

である.

(4·3) 送信符号語を X, 受信語を Y とする.

$$H(Y|X) = 8\{-(1/8)\log_2(1/8)\} = 3 \quad [\text{ビット/符号語}]$$

であるから通信路容量 C は

$$C = \max[H(Y) - H(Y|X)] = \max H(Y) - H(Y|X)$$

となる. $H(Y)$ が最大になるのは受信語がすべて等確率で受信されるときであり, 受信語は全部で $2^7 = 128$ 個あるから

$$C = \max H(Y) - H(Y|X) = \log_2 128 - 3 = 4 \quad [\text{ビット/符号語}]$$

である. したがって, 1 記号当たりの通信路容量は

$$C = 4/7 \quad [\text{ビット/記号}]$$

である.

(4·4) 記号 0, 1 の生起確率が等しいから, 2 元対称通信路の伝送情報量は通信路容量に等しく, 伝送情報量 J [ビット/記号] は

$$J = 1 + 0.01\log_2 0.01 + 0.99\log_2 0.99 = 0.9192 \quad [\text{ビット/記号}]$$

である. したがって, 情報伝送速度 R は

$$R = 10^4 J = 9\,192 \quad [\text{ビット/秒}]$$

である.

(4·5) (1)
$$\begin{aligned}
P(b_1) &= P(a_1)P(b_1|a_1) + P(a_2)P(b_1|a_2) + P(a_3)P(b_1|a_3) \\
&= 0.2 \times 0.5 + 0.3 \times 0.2 + 0.5 \times 0.3 = 0.31 \\
P(b_2) &= P(a_1)P(b_2|a_1) + P(a_2)P(b_2|a_2) + P(a_3)P(b_2|a_3) \\
&= 0.2 \times 0.3 + 0.3 \times 0.5 + 0.5 \times 0.3 = 0.36 \\
P(b_3) &= P(a_1)P(b_3|a_1) + P(a_2)P(b_3|a_2) + P(a_3)P(b_3|a_3) \\
&= 0.2 \times 0.2 + 0.3 \times 0.3 + 0.5 \times 0.4 = 0.33
\end{aligned}$$

$$P(a_1|b_1) = P(a_1)P(b_1|a_1)/P(b_1) = 0.2 \times 0.5/0.31 = 0.32$$

$$P(a_2|b_1) = P(a_2)P(b_1|a_2)/P(b_1) = 0.3 \times 0.2/0.31 = 0.19$$

$$P(a_3|b_1) = P(a_3)P(b_1|a_3)/P(b_1) = 0.5 \times 0.3/0.31 = 0.48$$

であるから，b_1 に対して a_3 と決めればよい．また，

$$P(a_1|b_2) = P(a_1)P(b_2|a_1)/P(b_2) = 0.2 \times 0.3/0.36 = 0.17$$

$$P(a_2|b_2) = P(a_2)P(b_2|a_2)/P(b_2) = 0.3 \times 0.5/0.36 = 0.42$$

$$P(a_3|b_2) = P(a_3)P(b_2|a_3)/P(b_2) = 0.5 \times 0.3/0.36 = 0.42$$

であるから，b_2 に対して a_2（あるいは a_3）と決めればよい．さらに，

$$P(a_1|b_3) = P(a_1)P(b_3|a_1)/P(b_3) = 0.2 \times 0.2/0.33 = 0.12$$

$$P(a_2|b_3) = P(a_2)P(b_3|a_2)/P(b_3) = 0.3 \times 0.3/0.33 = 0.27$$

$$P(a_3|b_3) = P(a_3)P(b_3|a_3)/P(b_3) = 0.5 \times 0.4/0.33 = 0.61$$

であるから，b_3 に対して a_3 と決めればよい．

復号誤り率 P_E は

$$P_E = 1 - \{P(a_3)P(b_1|a_3) + P(a_2)P(b_2|a_2) + P(a_3)P(b_3|a_3)\}$$
$$= 1 - 0.5 \times 0.3 - 0.3 \times 0.5 - 0.5 \times 0.4 = 0.50$$

である．

(2) $\qquad P(b_1|a_1) = 0.5, \quad P(b_2|a_1) = 0.3, \quad P(b_3|a_1) = 0.2$

より，b_1 に対して a_1 と決めればよい．また，

$$P(b_1|a_2) = 0.2, \quad P(b_2|a_2) = 0.5, \quad P(b_3|a_2) = 0.3$$

より，b_2 に対して a_2 と決めればよい．さらに，

$$P(b_1|a_3) = 0.3, \quad P(b_2|a_3) = 0.3, \quad P(b_3|a_3) = 0.4$$

より，b_3 に対して a_3 と決めればよい．

復号誤り率 P_E は

$$P_E = 1 - \{P(a_1)P(b_1|a_1) + P(a_2)P(b_2|a_2) + P(a_3)P(b_3|a_3)\}$$
$$= 1 - 0.2 \times 0.5 - 0.3 \times 0.5 - 0.5 \times 0.4 = 0.55$$

である.

5 章

(5·1)　$(0\ 0\ 1\ 1\ 0)$, $(0\ 0\ 0\ 0\ 0)$, $(0\ 0\ 0\ 1\ 1)$, $(0\ 1\ 1\ 0\ 0)$, $(0\ 1\ 1\ 1\ 1)$, $(0\ 1\ 0\ 0\ 1)$, $(1\ 0\ 1\ 0\ 0)$, $(1\ 0\ 1\ 1\ 1)$, $(1\ 0\ 0\ 0\ 1)$, $(1\ 1\ 1\ 0\ 1)$

(5·2)　長さ n の 2 元符号語をビット誤り率 p の 2 元対称通信路に通したとき，ハミング距離が t の受信語に誤る確率は $P(t) = p^t(1-p)^{n-t}$ である．$p < 0.5$ のとき，$t_1 < t_2$ であれば $P(t_1) > P(t_2)$ であるから，最尤復号法では受信語にハミング距離の最も短い符号語に復号すればよい．したがって，$d_H(\boldsymbol{u}_1, \boldsymbol{v}) = 4$, $d_H(\boldsymbol{u}_2, \boldsymbol{v}) = 2$, $d_H(\boldsymbol{u}_3, \boldsymbol{v}) = 4$ であるから送信符号語は $\boldsymbol{u}_2$ である．

(5·3)　符号化により $4 \times 10^{-6}n$ 秒で k ビットの情報を伝送できるから伝送速度 R は

$$R = k/(4 \times 10^{-6}n) \leqq C \quad [\text{ビット}/\text{秒}]$$

である．ゆえに

$$k/n \leqq 4 \times 10^{-6}C = 4 \times 10^{-6} \times 2 \times 10^5 = 0.8$$

である．

(5·4)　(1)　$d_{\min} = 9$　　(2)　4 個　　(3)　3 個

(5·5)　(1)　パリティ検査行列の列の数が符号長に等しいから，符号長は 5 である．

(2)　パリティ検査行列の行の数が検査記号数に等しいから，情報記号数は $5 - 3 = 2$ である．

(3)　パリティ検査行列のどの 2 列も一次独立である（3 列加えると $\boldsymbol{0}$ になる列がある）から，最小距離は 3 である．

(4)　最小距離は 3 であるから訂正能力は 1 ビットである．シンドロームは $(0\ 1\ 1)$ となり，これはパリティ検査行列の第 1 列に等しいから 1 番目に誤りが生じていると推定できる．したがって，正しい符号語は $(0\ 1\ 1\ 0\ 1)$ である．

(5·6)　パリティ検査行列のどの 3 列も一次独立である（4 列加えると $\boldsymbol{0}$ になる列がある）から，最小距離は 4 である．最小距離が 4 であれば，その符号は 1 つの誤りを訂正し，かつ 2 つの誤りを検出することができる．

（5·7）（1）　符号語が正しく受信される確率は，どのビットも正しく受信される確率に等しいから

$$P_C = (1-p)^5$$

である．

（2）　奇数個の誤りは検出されるから

$$P_d = 5p(1-p)^4 + {}_5C_3\,p^3(1-p)^2 + p^5$$

である．

（3）
$$P_e = 1 - P_c - P_d = 1 - (1-p)^5 - 5p(1-p)^4 - {}_5C_3\,p^3(1-p)^2 - p^5$$
$$= {}_5C_2\,p^2(1-p)^3 + {}_5C_4\,p^4(1-p)$$

（5·8）　単一誤り訂正 (7,4) ハミング符号は，長さ 7 の符号語内に生じた 1 ビットの誤りはすべて訂正するから，演習問題 4·3 の通信路で誤りのない通信が行える．一方，情報記号数が 4 ビットであるから，符号化を行った場合，1 符号語当たり最大 4 ビットの情報を送ることができる．したがって，通信路容量に等しい伝送速度で，しかも誤りのない通信が行えることになる．

（5·9）　$v(x)$ を $g(x)$ で割った余り（シンドローム）は $s(x) = x + 1$ である．表 5·5 より誤りパターンは x^3 であることがわかる．したがって，送信符号語 $u(x)$ は $u(x) = x^6 + x^3 + x^2 + x$ である．

（5·10）（1）　3 ビットの各シンボルを $GF(2^3)$ の元で表すと，$(\alpha^6\ \alpha^2\ \alpha^5\ 1\ \alpha^2)$ であり，これを多項式で表し，$p(x) = \alpha^6 + \alpha^2 x + \alpha^5 x^2 + x^3 + \alpha^2 x^4$ とする．生成多項式 $g(x)$ は $g(x) = (x-\alpha)(x-\alpha^2) = x^2 + \alpha^4 x + \alpha^3$ であるから，$x^2 p(x)$ を $g(x)$ で割ると余りは $\alpha^3 + \alpha^4 x$ となる．したがって，符号語は $(\alpha^3\ \alpha^4\ \alpha^6\ \alpha^2\ \alpha^5\ 1\ \alpha^2)$ である．これを 2 元系列で表すと，(110 011 101 001 111 100 001) となる．

（2）　(110 001 110 111 101 111 110) を 3 ビットずつ区切って $GF(2^3)$ の元で表すと，$(\alpha^3\ \alpha^2\ \alpha^3\ \alpha^5\ \alpha^6\ \alpha^5\ \alpha^3)$ である．これを多項式で表し，$v(x) = \alpha^3 + \alpha^2 x + \alpha^3 x^2 + \alpha^5 x^3 + \alpha^6 x^4 + \alpha^5 x^5 + \alpha^3 x^6$ とすると，シンドロームは $s_1 = v(\alpha) = 1$, $s_2 = v(\alpha^2) = \alpha^3$ となる．したがって，シンドローム多項式 $S(x)$ は $S(x) = 1 + \alpha^3 x$ である．次に，$p_{-1}(x) = 0$, $p_0(x) = 1$, $r_{-1}(x) = x^2$, $r_0(x) = S(x) = 1 + \alpha^3 x$ とする．$j = 1$ として，$x^2 = (\alpha^4 x + \alpha)(\alpha^3 x + 1) + \alpha$ より，$r_1(x) = \alpha$, $p_1(x) = \alpha^4 x + \alpha$ となる．$\deg[r_1(x)] < 1$ であるから，$\sigma(x) = p_1(x) = \alpha^4 x + \alpha$ として $\sigma(x) = 0$ の根

演習問題解答 | 143

を求めると，$\sigma(\alpha^{-3}) = 0$ であるから，誤りは 0 番目から数えて 3 番目に生じていることがわかる．$\omega(x) = r_1(x) = \alpha$，$\sigma'(x) = \alpha^4$ より，3 番目の誤りの大きさは $e_3 = \alpha/\alpha^4 = \alpha^4$ である．したがって，誤りパターンは $(0\ 0\ 0\ \alpha^4\ 0\ 0\ 0)$ であるから，元の正しい符号語は $(\alpha^3\ \alpha^2\ \alpha^3\ 1\ \alpha^6\ \alpha^5\ \alpha^3)$ である．これを 2 元系列で表せば，$(110\ 001\ 110\ 100\ 101\ 111\ 110)$ となる．

6 章

(6・1)
$$\int_{-a}^{a} p(x)dx = 1 \tag{6・1}$$

の条件のもとで

$$H(X) = -\int_{-a}^{a} p(x)\log_2 p(x)dx$$

を最大にする分布 $p(x)$ を求める．λ をラグランジュの定数として

$$F = H(X) - \lambda\left\{\int_{-a}^{a} p(x)dx - 1\right\}$$

とおく．$p(x)$ が $p(x) + \delta p(x)$ に変化したとき，F が変化する量 δF を求めると

$$\delta F = -\log_2 e \int_{-a}^{a} \delta\{p(x)\log_e p(x)\}dx - \lambda\int_{-a}^{a}\delta p(x)dx$$

$$= -\log_2 e \int_{-a}^{a}\left\{\delta p(x)\log_e p(x) + p(x)\frac{\delta p(x)}{p(x)}\right\}dx - \lambda\int_{-a}^{a}\delta p(x)dx$$

$$= -\int_{-a}^{a}\{\log_2 e\log_e p(x) + \log_2 e + \lambda\}\delta p(x)dx$$

となる．$H(X)$ が最大のときは $\delta F = 0$ が成り立つから

$$\log_2 e\log_e p(x) + \log_2 e + \lambda = 0$$

である．したがって

$$p(x) = 2^{-\log_2 e - \lambda} \quad (= \text{定数})$$

となり，式 (6・1) の条件より

$$p(x) = 1/(2a)$$

である．

144 | 演習問題解答

$(6\cdot2)$
$$\int_0^\infty p(x)dx = 1 \tag{6·2}$$

$$\int_0^\infty xp(x)dx = a \tag{6·3}$$

の条件のもとで

$$H(X) = -\int_0^\infty p(x)\log_2 p(x)dx$$

を最大にする分布 $p(x)$ を求める．$\lambda,\ \mu$ をラグランジュの定数として

$$F = H(X) - \lambda\left\{\int_0^\infty p(x)dx - 1\right\} - \mu\left\{\int_0^\infty xp(x)dx - a\right\}$$

とおく．$p(x)$ が $p(x) + \delta p(x)$ に変化したとき，F が変化する量 δF を求めると

$$\delta F = -\log_2 e\int_0^\infty \delta\{p(x)\log_e p(x)\}dx - \lambda\int_0^\infty \delta p(x)dx - \mu\int_0^\infty x\delta p(x)dx$$

$$= -\log_2 e\int_0^\infty \left\{\delta p(x)\log_e p(x) + p(x)\frac{\delta p(x)}{p(x)}\right\}dx$$

$$\quad - \lambda\int_0^\infty \delta p(x)dx - \mu\int_0^\infty x\delta p(x)dx$$

$$= -\int_0^\infty \{\log_2 e\log_e p(x) + \log_2 e + \lambda + \mu x\}\delta p(x)dx$$

となる．$H(X)$ が最大のときは $\delta F = 0$ が成り立つから

$$\log_2 e\log_e p(x) + \log_2 e + \lambda + \mu x = 0$$

である．したがって

$$\log_e p(x) = -\lambda/\log_2 e - \mu x/\log_2 e$$

より，$\lambda' = \lambda/\log_2 e,\ \mu' = \mu/\log_2 e$ とおくと

$$p(x) = e^{-\lambda'}e^{-\mu' x}$$

となる．式 $(6\cdot2)$ の条件より

$$e^{-\lambda'} = \mu'$$

となるから，$p(x) = \mu'e^{-\mu' x}$ を式 $(6\cdot3)$ の条件に代入し，μ' を求めると

$$\mu' = 1/a$$

となる．したがって

$$p(x) = \frac{1}{a} e^{-\frac{x}{a}}$$

である．このときエントロピーは

$$\begin{aligned}
H(X) &= -\int_0^\infty p(x) \log_2 p(x) dx = -\int_0^\infty \frac{1}{a} e^{-\frac{x}{a}} \log_2 \frac{1}{a} e^{-\frac{x}{a}} dx \\
&= -\frac{1}{a} \int_0^\infty e^{-\frac{x}{a}} \log_2 \frac{1}{a} dx - \frac{1}{a} \int_0^\infty e^{-\frac{x}{a}} \log_2 e^{-\frac{x}{a}} dx \\
&= -\frac{1}{a} \log_2 \frac{1}{a} \int_0^\infty e^{-\frac{x}{a}} dx + \frac{1}{a} \log_2 e \int_0^\infty \frac{x}{a} e^{-\frac{x}{a}} dx \\
&= -\frac{1}{a} \log_2 \frac{1}{a} \int_0^\infty e^{-\frac{x}{a}} dx + \log_2 e \\
&= \log_2 a + \log_2 e \\
&= \log_2 ea
\end{aligned}$$

である．

(6·3) 電力 S/N 比 40 dB を比の値に直すと $40 = \log_{10} x$ より $x = 10^4$ であるから通信路容量は

$$C = 10^7 \log_2(1 + 10^4) = 1.33 \times 10^8 \quad [\text{ビット/秒}]$$

である．電力 S/N 比が 50 dB，帯域 W の通信路容量が上記の値に等しいとおき，W を求めると

$$W \log_2(1 + 10^5) = 1.33 \times 10^8$$

より

$$W = 1.33 \times 10^8 / 16.6 = 8.01 \times 10^6 \ [\text{Hz}] = 8.01 \ [\text{MHz}]$$

となる．

(6·4) 雑音が実効温度 $T°\text{K}$ に相当する熱雑音の場合，その電力スペクトル密度 K は，k をボルツマン定数（$k = 1.380 \times 10^{-23}$ ジュール/絶対温度）として $K = kT$ であるから，伝送速度を R とすると

$$R \leqq C = \frac{S}{kT} \log_2 e$$

| 146 | 演習問題解答 |

である．これより受信信号電力 $S(=P_r)$ は

$$S \geqq kTR\ln 2 = 1.380 \times 10^{-23} \times 50 \times 1 \times \ln 2 = 4.783 \times 10^{-22} \quad [\text{W}]$$

であるから

$$P_t = 0.04d^2 P_r \geq 0.04 \times 10^{22} \times 4.783 \times 10^{-22} = 0.19 \quad [\text{W}]$$

である．

(6・5) 信号 x の値が $x \sim x + dx$ である確率は $p(x)dx$ である．このとき信号は変換されて，$y \sim y + dy$ すなわち $f(x) \sim f(x + dx)$ の間の信号となる．このような y の確率は $p(y)dy$ だから

$$p(x)dx = p(y)dy$$

が成り立つ．また，

$$f'(x) = dy/dx$$

であるから

$$p(y) = p(x)/f'(x)$$

である．したがって，信号 y のエントロピー $H(Y)$ は

$$\begin{aligned}
H(Y) &= -\int_{-\infty}^{\infty} p(y)\log_2 p(y)dy = -\int_{-\infty}^{\infty} \frac{p(x)}{f'(x)}\left\{\log_2 \frac{p(x)}{f'(x)}\right\}f'(x)dx \\
&= -\int_{-\infty}^{\infty} p(x)\log_2 p(x)dx + \int_{-\infty}^{\infty} p(x)\log_2 f'(x)dx \\
&= H(X) + \int_{-\infty}^{\infty} p(x)\log_2 f'(x)dx
\end{aligned}$$

となる．

参 考 文 献

本書の執筆にあたり多くの文献を参照させて頂いた．各著者に深く感謝する．

1) 甘利俊一：情報理論，ダイヤモンド社 (1970)
2) 磯道義典：情報理論（電子通信学会大学シリーズ G-1），コロナ社 (1980)
3) 今井秀樹：情報理論 改訂 2 版，オーム社 (2019)
4) 小沢一雅：情報理論の基礎，オーム社 (2011)
5) 笠原正雄・田崎三郎・小倉久直：情報理論—基礎と応用，昭晃堂 (1985)
6) 嵩 忠雄：情報と符号の理論入門（情報工学入門選書 6），昭晃堂 (1989)
7) 嵩 忠雄・戸倉信樹・岩垂好裕・稲垣康雄：符号理論（情報工学講座 14），コロナ社 (1975)
8) C. E. Shannon and W. Weaver: The Mathematical Theory of Communication, University of Illinois Press (1949)
9) 滝 保男：情報論 I—情報伝送の理論（岩波全書 306），岩波書店 (1978)
10) 田中幸吉：情報工学，朝倉書店 (1969)
11) 電波産業会：地上デジタルテレビジョン放送の伝送方式，標準規格番号 ARIB STD-B31 2.2 版 (2014)
12) 橋本 清：情報・符号理論入門，森北出版 (1984)
13) W. W. Peterson: Error-Correcting Codes, The MIT Press (1961)
14) 藤田広一：基礎情報理論，昭晃堂 (1969)
15) 本多波雄：情報理論入門，日刊工業新聞社 (1960)
16) R. J. McEliece: The Theory of Information and Coding (Encyclopedia of Mathematics and its Application 3), Addison-Wesley Publishing Company (1977)
17) 宮川 洋・岩垂好裕・今井秀樹：符号理論（名著復刻シリーズ），コロナ社 (2001)
18) 宮川 洋・原島 博・今井秀樹：情報と符号の理論（岩波講座情報科学 4），岩波書店 (1982)

Memo

索　　引

ア　行

あいまい度	55
アナログ通報	2
アーベル群	127
誤り位置多項式	99
誤り系列	54
誤り源	3, 53
誤り評価多項式	99
位　数	128
一意復号可能	30
エルゴード性	19
エントロピー	9
エントロピー関数	11

カ　行

外符号	109
可換環	128
可換群	127
拡大情報源	38
拡大体	90, 129
加法的白色ガウス通信路	121
加法的2元通信路	53
ガロア体	89, 130
環	128
完全符号	78
記憶のない情報源	19
記憶のない通信路	51
基礎体	90, 129
クラフトの不等式	34
群	127
結合エントロピー	12
検査記号	72
原始元	90
原始多項式	90
拘束長	104
硬判定復号	109

サ　行

最大事後確率復号法	64
最短符号	44
最尤復号法	64
雑音源	3
散布度	55
事後確率	14
実数体	129
シャノン線図	23
自由距離	104
受信者	2
巡回置換	79
巡回ハミング符号	84
巡回符号	79
瞬時復号可能	31
条件付きエントロピー	14
状　態	22
状態遷移図	23, 105
情報記号	71
情報記号数	71
情報源	2
情報源符号化	4
情報源符号化定理	40
情報多項式	81
情報伝送速度	41, 55
シンドローム	74, 84
生成行列	74
生成多項式	81
節　点	31
遷移確率	22
遷移確率行列	23
線形符号	72
相互情報量	16
組織符号	75, 83

タ　行

体	89, 129
多項式環	131
多項式表現	79
たたみ込み符号	103
単一誤り検出符号	72
単一パリティ検査符号	72
通信路	2
通信路行列	52
通信路符号化	4
通信路符号化定理	61
通信路容量	41, 56, 122
ディジタル通報	2
定常確率	24
伝送情報量	54
独立生起情報源	19
独立生起情報源のエントロピー	20
トレリス線図	106

ナ　行

内符号	109
軟判定復号	109
2元対称消失通信路	53
2元対称通信路	52
2元符号	29

ハ　行

排他的論理和	72
バースト誤り	54
ハフマン符号	45
ハミング重み	68
ハミング距離	68
ハミングの限界式	78
ハミング符号	73
パリティ検査記号	72
パリティ検査行列	75
パンクチャドたたみ込み符号	104
パンクチャリング行列	104
BCH符号	88
ビタビ復号法	105
ビット誤り率	52

標本化定理	114
標本値	114
復号	3, 29, 63
復号誤り	68
復号誤り率	5
復号規則	63
複素数体	130
符号	29, 67
符号化	3, 29
符号化率	75
符号語	29, 67
符号多項式	79
符号長	71
符号の木	31
符号の効率	46
符号の冗長度	46
ブロック符号	103
平均情報量	9
平均符号長	34
ベイズの定理	14
べき表現	91
ベクトル表現	91

マ　行

マルコフ過程	22
マルコフ情報源	22
マルコフ情報源のエントロピー	26

ヤ　行

有限体	89, 130
ユークリッド復号法	99

ラ　行

ランダム誤り	54
離散的情報源	2
離散的通信路	3
離散的通報	2
リード・ソロモン符号	95
連接符号	109
連続的情報源	2
連続的通信路	3
連続的通報	2

〈著者略歴〉

汐崎　陽（しおざき　あきら）

昭和 46 年	大阪府立大学工学部電気工学科 卒業
51 年	大阪府立大学大学院 博士課程修了（工学博士）
同 年	大阪電気通信大学工学部 講師
53 年	大阪電気通信大学工学部 助教授
60 年	大阪電気通信大学工学部 教授
平成 9 年	大阪府立大学工学部 教授
現 在	大阪府立大学 名誉教授

- 本書の内容に関する質問は，オーム社ホームページの「サポート」から，「お問合せ」の「書籍に関するお問合せ」をご参照いただくか，または書状にてオーム社編集局宛にお願いします．お受けできる質問は本書で紹介した内容に限らせていただきます．なお，電話での質問にはお答えできませんので，あらかじめご了承ください．
- 万一，落丁・乱丁の場合は，送料当社負担でお取替えいたします．当社販売課宛にお送りください．
- 本書の一部の複写複製を希望される場合は，本書扉裏を参照してください．
- JCOPY ＜出版者著作権管理機構 委託出版物＞
- 本書の初版は，1991 年に国民科学社から発行され，2011 年にオーム社から再刊されています．

情報・符号理論の基礎（第 2 版）

2011 年 3 月 1 日	第 1 版第 1 刷発行
2019 年 5 月 20 日	第 2 版第 1 刷発行
2024 年 2 月 10 日	第 2 版第 4 刷発行

著　　者	汐崎　陽
発 行 者	村上和夫
発 行 所	株式会社 オーム社
	郵便番号　101-8460
	東京都千代田区神田錦町 3-1
	電話　03(3233)0641（代表）
	URL　https://www.ohmsha.co.jp/

© 汐崎　陽 *2019*

印刷・製本　三美印刷
ISBN978-4-274-22389-1　Printed in Japan

関連書籍のご案内

情報理論 改訂2版

今井秀樹 著

A5判／296頁／定価（本体3100円【税別】）

情報理論の全容を簡潔にまとめた名著

本書は情報理論の全容を簡潔にまとめ，いまもなお名著として読み継がれる今井秀樹著「情報理論」の改訂版です．

AIや機械学習が急激に発展する中において，情報伝達，蓄積の効率化，高信頼化に関する基礎理論である情報理論は，全学部の学生にとって必修といえるものになっています．

本書では，数学的厳密さにはあまりとらわれず，図と例を多く用いて，直感的な理解が重視されています．また，例や演習問題に応用上，深い意味をもつものを取り上げ，具体的かつ実践的に理解できるよう構成しています．

さらに，今回の改訂において著者自ら全体の見直しを行い，最新の知見の解説を追加するとともに，さらなるブラッシュアップを加えています．

初学者の方にも，熟練の技術者の方にも，わかりやすく，参考となる書籍です．

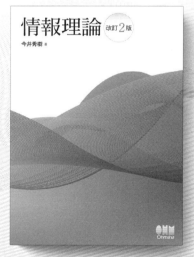

● 主要目次

第1章　序論
第2章　情報理論の問題
第3章　情報源と通信路のモデル
第4章　情報源符号化とその限界
第5章　情報量とひずみ
第6章　通信路符号化の限界
第7章　通信路符号化法
第8章　アナログ情報源とアナログ通信路

もっと詳しい情報をお届けできます．
◎書店に商品がない場合または直接ご注文の場合も右記宛にご連絡ください．

ホームページ　https://www.ohmsha.co.jp/
TEL／FAX　TEL.03-3233-0643　FAX.03-3233-3440